全国高职高专工业机器人领域人才培养"十三五"规划教材

工业机器人离线编程与仿真

主　编　潘　懿　朱旭义
副主编　杨秀文　王　伟　张庆乐
　　　　沈　玲　刘泽祥

U0363128

华中科技大学出版社
中国·武汉

内 容 简 介

　　本书主要内容包括：认识、安装工业机器人仿真软件，RobotStudio 仿真技术知识储备，工业机器人运动程序的编制，机器人 Smart 组件的应用，带导轨和变位机的机器人系统的创建与应用，RobotStudio 离线仿真在典型工作站构建中的应用，ScreenMaker 示教器用户自定义界面，RobotStudio 的在线功能。

　　本书可作为高等职业院校工业机器人相关专业、电气自动化技术、机电一体化技术和工业过程自动化技术等专业的课程教材，也可供相关工程技术人员使用。

图书在版编目(CIP)数据

　　工业机器人离线编程与仿真/潘懿,朱旭义主编.—武汉:华中科技大学出版社,2018.8(2024.7重印)
　　全国高职高专工业机器人领域人才培养"十三五"规划教材
　　ISBN 978-7-5680-4050-1

　　Ⅰ.①工… Ⅱ.①潘… ②朱… Ⅲ.①工业机器人-程序设计-高等职业教育-教材 ②工业机器人-计算机仿真-高等职业教育-教材 Ⅳ.①TP242.2

中国版本图书馆 CIP 数据核字(2018)第 182468 号

工业机器人离线编程与仿真　　　　　　　　　　　　　　　　潘　懿　朱旭义　主编
Gongye Jiqiren Lixian Biancheng yu Fangzhen

策划编辑：汪　富
责任编辑：罗　雪
封面设计：原色设计
责任监印：周治超
出版发行：华中科技大学出版社(中国·武汉)　　　电话：(027)81321913
　　　　　武汉市东湖新技术开发区华工科技园　　　邮编：430223
录　　排：武汉三月禾文化传播有限公司
印　　刷：武汉市籍缘印刷厂
开　　本：787mm×1092mm　1/16
印　　张：20
字　　数：508千字
版　　次：2024年7月第1版第5次印刷
定　　价：49.80元

前　言

目前,工业机器人在各行各业应用得越来越广泛,各企业对工业机器人技术人才的需求不断增加,这就要求高职高专院校培养熟悉并掌握工业机器人编程技术的高技能应用型人才,从而满足企业对生产现场的控制需要。

本书以 ABB 工业机器人为对象,使用 ABB 公司的机器人仿真软件 RobotStudio 进行工业机器人的基本操作、功能设置、二次开发、在线监控与编程、方案设计和验证的讲解。本书主要内容包括:认识、安装工业机器人仿真软件,RobotStudio 仿真技术知识储备,工业机器人运动程序的编制,机器人 Smart 组件的应用,带导轨和变位机的机器人系统的创建与应用,RobotStudio 离线仿真在典型工作站构建中的应用,ScreenMaker 示教器用户自定义界面,RobotStudio 的在线功能。

全书分为 8 个项目。项目 1 由武汉船舶职业技术学院王伟编写,项目 2 和项目 6 由武汉船舶职业技术学院潘懿编写,项目 3 由泰州职业技术学院刘泽祥编写,项目 4 由广东机电职业技术学院朱旭义编写,项目 5 由广东松山职业技术学院杨秀文编写,项目 7 由武汉工程职业技术学院张庆乐编写,项目 8 由湖北工业职业技术学院沈玲编写。在此对以上编写老师表示衷心感谢。

本书在编写时考虑到课程涉及的知识点多、内容广等特点,以及高职高专学生的知识现状和学习特点,结合生产实际,以简单的案例围绕知识点开展教学,以点带面,注重培养学生解决实际问题的能力。本书适合高等职业院校工业机器人相关专业、电气自动化技术、机电一体化技术和工业过程自动化技术等专业的学生使用,也可作为从事工业机器人应用开发、调试与现场维护的工程师,特别是使用 ABB 工业机器人的工程技术人员的培训教材。

由于编者水平有限,书中难免有不妥或谬误之处,欢迎广大读者和同行专家批评指正。

编　者
2018 年 7 月

目　　录

项目1 认识、安装工业机器人仿真软件

学习目标

（1）了解工业机器人仿真应用技术。
（2）学会安装 RobotStudio 软件。
（3）学会 RobotStudio 软件的授权操作方法。
（4）认识 RobotStudio 软件的操作界面。

知识要点

（1）RobotStudio 软件及 RobotWare。
（2）工作站的基本概念。

训练项目

（1）在计算机上安装最新版的 RobotStudio 软件，并授权。
（2）熟悉 RobotStudio 软件的各个界面。

任务1 相关品牌机器人仿真软件介绍

1. 相关品牌机器人离线仿真软件

工业机器人自动化的市场竞争压力日益加剧，客户在生产中要求更高的效率，以降低价格，提高质量。如今，在新产品生产之时花费时间检测或者试运行机器人程序是行不通的，因为这意味着要停止现有的生产，对新的或修改的部件进行编程。没有事先验证到达距离及工作区域，而冒险制造刀具和固定装置已经不再是首选方法，现代化的生产厂家在设计阶段就会对新部件的可制造性进行检查，在为机器人编程时，离线编程可与建立机器人应用系统同时进行。

在产品制造的同时对机器人系统进行编程，可提早开始生产，缩短产品上市时间。离线编程在机器人安装前，通过可视化以及可确认的解决方案来布局和降低风险，并通过创建更加精确的路径来获得更高质量的部件。

国际各品牌工业机器人所用离线仿真软件名称及部分下载地址如表 1-1 所示。

表 1-1　国际各品牌工业机器人所用离线仿真软件名称及部分下载地址

序号	工业机器人品牌	离线仿真软件名称	下载地址
1	ABB	RobotStudio	http://new.abb.com/products/robotics/robotstudio/downloads
2	KUKA	KUKA Sim Pro	http://www.kuka-robotics.com/zh/downloads/search/? type＝current&sc_META_02＝Software&rs_Language＝zh&rs_Language＝en
3	FANUC	Roboguide	—
4	MOTOMAN	RobotmotosimEG	—
5	Staubli	Val3language	—
6	COMAU	RoboSim Pro	—
7	Kawasaki	K-Roset	—
8	Nachi	FD on desk	—

2. 什么是 RobotStudio

RobotStudio 是一款计算机软件，用于机器人单元的建模、离线创建和仿真。

RobotStudio 允许使用离线控制器，即在计算机本地运行的虚拟 IRC5 控制器。这种离线控制器也被称为虚拟控制器（VC）。RobotStudio 还允许使用真实的物理 IRC5 控制器（简称为真实控制器）。

当 RobotStudio 随真实控制器一起使用时，我们称它处于在线模式。当 RobotStudio 未连接真实控制器或在连接虚拟控制器的情况下使用时，我们称它处于离线模式。

RobotStudio 提供以下安装选项：

① 完整安装；

② 自定义安装，允许用户自定义安装路径并选择安装内容；

③ 最小化安装，仅允许用户以在线模式运行 RobotStudio。

3. RobotStudio 涉及的术语和概念

1）标准硬件

表 1-2 列出了 IRC5 机器人单元内的标准硬件。

表 1-2　IRC5 机器人单元内的标准硬件

标准硬件	说　　明
机器人操纵器	ABB 工业机器人
控制模块	包含控制操纵器动作的主要计算机。其中，包括 RAPID 的执行和信号处理。1 个控制模块可以连接 1～4 个驱动模块
驱动模块	包含电子设备的模块，这些电子设备可为操纵器的电动机供电。驱动模块最多可以包含 9 个驱动单元，每个驱动单元控制 1 个操纵器关节。标准机器人操纵器有 6 个关节，因此，每个机器人操纵器通常使用 1 个驱动模块
FlexController	IRC5 机器人的控制器机柜。它包含供系统中每个机器人操纵器使用的 1 个控制模块和 1 个驱动模块
FlexPendant	示教器，与控制模块相连的编程操纵台。在示教器上编程就是在线编程
工具	执行特定任务，如抓取、切削或焊接的设备。通常安装在机器人操纵器上，也可作为固定工具

2）可选硬件

表1-3列出了IRC5机器人单元内可能用到的可选硬件。

表1-3　IRC5机器人单元内可能用到的可选硬件

可选硬件	说　明
跟踪操纵器	用于放置机器人的移动平台，为其提供更大的工作空间。如果其控制模块可以控制定位操纵器的动作,则该操纵器被称为外轴
定位操纵器	通常用来放置工件或固定装置的移动平台。如果其控制模块可以控制跟踪操纵器的动作,则该操纵器被称为跟踪外轴
FlexPositioner	用作定位操纵器的第二个机器人操纵器。与定位操纵器一样,该操纵器也受控制模块的控制
固定工具	处于固定位置的设备。机器人操纵器选取工件,然后将其放到固定工具上执行特定任务,比如黏合、研磨或焊接
工件	被加工的产品
固定装置	一种构件,用于在特定位置放置工件,以便进行重复生产

3）RobotWare

表1-4列出了使用RobotStudio时可能用到的RobotWare相关概念及其说明。

表1-4　RobotWare相关概念及其说明

概　念	说　明
RobotWare	从概念上讲,RobotWare是指用于创建RobotWare系统的软件和RobotWare系统本身
RobotWare安装	安装RobotStudio时,只安装一个RobotWare版本。要仿真特定的RobotWare系统,必须在计算机(PC)上安装用于此特定RobotWare系统的RobotWare版本。RobotWare 5使用标准PC安装程序,安装到PC存放程序文件的文件夹中。RobotWare 6使用RobotStudio的"Complete"(完整安装)选项自动安装。此外,使用RobotApps页面的"Add-Ins"(加载)选项卡也可以安装RobotWare 6
RobotWare许可密钥	在新建RobotWare系统或升级现有系统时使用。RobotWare许可密钥可以解除包含在系统中的RobotWare选项的锁定,还可以确定构建RobotWare系统要使用的RobotWare密钥。 在IRC5系统中,存在三种类型的RobotWare密钥: ① 控制器密钥,用于指定控制器和软件选项。 ② 驱动密钥,用于指定系统中的机器人。系统为所使用的每个机器人分配了一个驱动密钥。 ③ 插件指定附加选项,比如变位机外轴。 使用虚拟许可密钥可以选择任何RobotWare选项,但使用虚拟许可密钥创建的RobotWare系统只能用于虚拟系统,如RobotStudio
RobotWare系统	一组软件文件,加载到控制器之后,这些文件可以启用控制机器人系统的所有功能、配置、数据和程序。 RobotWare系统由RobotStudio创建。在计算机和控制模块上都可以保存和存储这些系统。 RobotWare系统可以使用RobotStudio或示教器进行编辑
RobotWare版本	每个RobotWare版本都有一个主版本号和一个次版本号,两个版本号之间使用一个点进行分隔。支持IRC5的RobotWare版本是6.XX,其中"XX"表示次版本号。 每当ABB发布新型机器人时,会发布新的RobotWare版本为新型机器人提供支持

概　念	说　明
媒体库	对于 RobotWare 5,媒体库是 PC 上的一个文件夹。每个 RobotWare 版本都存储在各自相应的文件夹中。媒体库文件用于创建和实现各种不同的 RobotWare 选项。因此,创建 RobotWare 系统或在虚拟控制器上运行这些系统时,必须在媒体库中安装正确的 RobotWare 版本
RobotWare 插件	RobotWare 插件是一种独立数据包,可以扩展机器人系统的功能。RobotWare 插件在 RobotWare 6 中等同于 RobotWare 5 的附加选项
产品	在 RobotWare 6 中,产品既可以是 RobotWare 版本,也可以是 RobotWare 插件。产品可以是免费的,也可以是许可型的
许可	许可会解锁计算机系统中可以使用的选项,例如机器人和 RobotWare 选项。 如果希望从 RobotWare5.15 或更低版本升级,则必须更换控制器主计算机并获取 RobotWare 6 许可,请联系 ABB 机器人服务代表,网址是 www.abb.com/contacts
发行包	发行包可以包含 RobotWare 和 RobotWare 加载项。RobotWare 6 发行包还包含用于变位机和 TrackMotion 的 RobotWare 加载项

4）RAPID 术语

表 1-5 列出了使用 RobotStudio 时可能遇到的 RAPID 术语。

表 1-5　RAPID 术语

RAPID 术语	说　明
数据声明	用于创建变量或数据类型的实例,如数值或工具数据
指令	执行操作的实际代码命令,例如将数据设置为特定值或机器人动作。指令只能在例行程序内创建
移动指令	创建机器人动作。包含对数据声明中指定的目标点的引用,以及用来设置动作和过程行为的参数。如果使用内嵌目标,将在移动指令中声明位置
动作指令	用于执行其他操作而非移动机器人的指令,比如设置数据或同步属性
例行程序	通常是一个数据声明集,后面紧跟一个实施任务的指令集。例行程序可分为三类:程序、功能和陷阱
程序	不返回值的指令集
功能	返回值的指令集
陷阱	中断时触发的指令集
模块	后面紧跟例行程序集的数据声明集。模块可以作为文件进行保存、加载和复制。模块分为程序模块和系统模块
程序模块(.mod)	可在执行期间加载和卸载
系统模块(.sys)	主要用于常见系统特有的数据和例行程序,例如所有弧焊机器人通用的弧焊件系统模块
程序文件(.pgf)	在 IRC5 中,RAPID 程序是程序模块文件(.mod)和参考所有程序模块文件的程序文件(.pgf)的集合。加载程序文件时,所有旧的程序模块将被".pgf"文件中参考的程序模块所替换。系统模块不受程序加载的影响

5）编程概念

表 1-6 列出了机器人编程中所用的概念。

表 1-6　编程概念

概　念	说　明
在线编程	与真实控制器相连时的编程。也指使用机器人创建位置和运动
离线编程	未与机器人或真实控制器连接时的编程
真正离线编程	指 ABB Robotics 中关于将仿真环境与虚拟控制器相连的概念。它不仅支持程序创建,而且支持程序测试和离线优化
虚拟控制器	一种仿真 FlexController 的软件,可使控制机器人的同一软件(RobotWare 系统)在计算机上运行。该软件可使机器人在离线和在线时的行为相同
MultiMove	使用同一个控制模块运行多个机器人操纵器
坐标系	用于定义位置和方向。对机器人进行编程时,可以利用不同坐标系更加轻松地确定对象之间的相对位置
Frame	坐标系;框架
工作对象校准	如果所有目标点都定义为工作对象在坐标系中的相对位置,则只需在部署离线程序时校准工作对象即可

6) 目标点、路径与指令

在 RobotStudio 中对机器人动作进行编程时,需要使用目标点(位置)和路径(向目标点移动的指令序列)。将 RobotStudio 工作站同步到虚拟控制器时,路径将转换为相应的 RAPID 程序。

(1) 目标点。目标点是机器人要到达的坐标。它包含的信息如表 1-7 所示。

表 1-7　目标点包含的信息

目标点包含的信息	描　述
位置	目标点在工件坐标系中的相对位置。详情请参阅"7) 坐标系"
方向	目标点的方向,以工件坐标系的方向为参照。当机器人到达目标点时,它会将 TCP(工具中心点)的方向对准目标点的方向。详情请参阅"7) 坐标系"
Configuration	用于指定机器人到达目标点的配置值。详细信息请参阅"8) 机器人轴配置"

目标点的相关信息同步到虚拟控制器后,将转换为数据类型为 RobTarget 的实例。

(2) 路径。路径指向目标点移动的指令序列。机器人将按路径中定义的目标点顺序移动。路径信息同步到虚拟控制器后,将转换为例行程序。

(3) 指令。指令可分为移动指令和动作指令。

移动指令:移动指令包括参考目标点;动作数据,例如动作类型、速度和区域;参考工具数据;参考工作对象。

动作指令:动作指令是用于设置和更改参数的 RAPID 字符串。动作指令可插入路径中的指令目标之前、之后或之间。

7) 坐标系

在 RobotStudio 中,可以使用坐标系进行元素和对象的相互关联。各坐标系之间在层级上相互关联。每个坐标系的原点都被定义为其上层坐标系之一中的某个位置。常用的坐标系如下。

(1) 工具中心点坐标系(也称为 TCP 坐标系)。所有的机器人在其工具安装点处都有一个被称为 tool0 的预定义 TCP。当程序运行时,机器人将该 TCP 移动至编程的位置。用户可以为机器人定义不同的 TCP。

(2) RobotStudio 大地坐标系。RobotStudio 大地坐标系用于表示整个工作站或机器人单元,这是坐标系层级的顶部,当使用 RobotStudio 大地坐标系时,所有其他坐标系均与其相关。

(3) 基础坐标系。基础坐标系也被称为基座(BF)。在 RobotStudio 和现实当中,工作站中的每个机器人都拥有一个始终位于其底部的基础坐标系。

在 RobotStudio 中,任务框(TF)表示机器人控制器大地坐标系。图 1-1 说明了基座与任务框之间的差异。

在图 1-1(a)中,任务框与基座位于同一位置;在图 1-1(b)中,任务框移动至另一位置处。

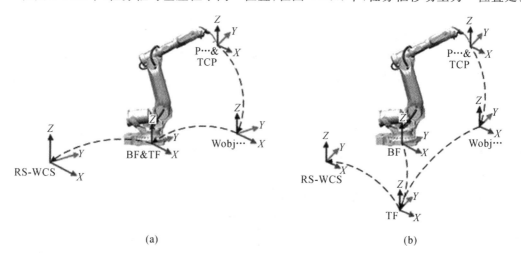

图 1-1

图 1-2 说明了如何将 RobotStudio 中的任务框映射到现实中的机器人控制器坐标系,例如,映射到车间中。

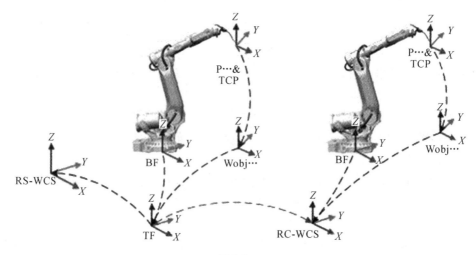

图 1-2

图 1-2 中:RS-WCS 为 RobotStudio 大地坐标系;RC-WCS 为在机器人控制器中定义的大地坐标系,它与 RobotStudio 中的任务框相对应;BF 为机器人基座;TCP 为工具中心点;

P…为机器人目标;TF 为任务框;Wobj…为工件坐标系。

① 具有多个机器人系统的工作站。

对于单机器人系统,RobotStudio 的工作框与机器人控制器大地坐标系相对应。如工作站中有多个控制器,则任务框允许所连接的机器人在不同的坐标系中工作,即可以通过为每个机器人定义不同的工作框使这些机器人的位置彼此独立,如图 1-3 所示。

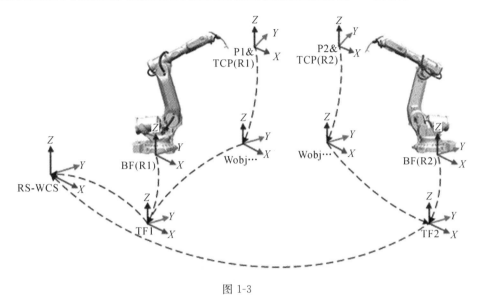

图 1-3

图 1-3 中:TCP(R1)为机器人 1 的工具中心点;TCP(R2)为机器人 2 的工具中心点;BF(R1)为机器人 1 的基座;BF(R2)为机器人 2 的基座;P1 为机器人目标 1;P2 为机器人目标 2;TF1 为机器人 1 的任务框;TF2 为机器人 2 的任务框;Wobj…为工件坐标系。

② MultiMove Coordinated。

MultiMove 功能可帮助我们创建并优化 MultiMove 系统的程序,使一个机器人或定位器夹持住工件,由其他机器人对其进行操作。当对机器人系统使用 RobotWare 选项 MultiMove Coordinated 时,这些机器人必须在同一坐标系中工作,如图 1-4 所示。同样,RobotStudio 禁止隔离控制器的工作框。

图 1-4 中:RS-WCS 为 RobotStudio 大地坐标系;TCP(R1)为机器人 1 的工具中心点;TCP(R2)为机器人 2 的工具中心点;BF(R1)为机器人 1 的基座;BF(R2)为机器人 2 的基座;BF(R3)为机器人 3 的基座;P1 为机器人目标 1;TF 为任务框;Wobj…为工件坐标系。

③ MultiMove Independent。

对机器人系统使用 RobotWare 选项 MultiMove Independent 时,多个机器人可在一个控制器的控制下同时进行独立的操作。即使只有一个机器人控制器大地坐标系,机器人也通常在单独的多个坐标系中工作。要在 RobotStudio 中实现此设置,必须将机器人的任务框隔离开来并彼此独立地定位,如图 1-5 所示。

图 1-5 中:RS-WCS 为 RobotStudio 大地坐标系;TCP(R1)为机器人 1 的工具中心点;TCP(R2)为机器人 2 的工具中心点;BF(R1)为机器人 1 的基座;BF(R2)为机器人 2 的基座;P1 为机器人目标 1;P2 为机器人目标 2;TF1 为任务框 1;TF2 为任务框 2;Wobj…为工件坐标系。

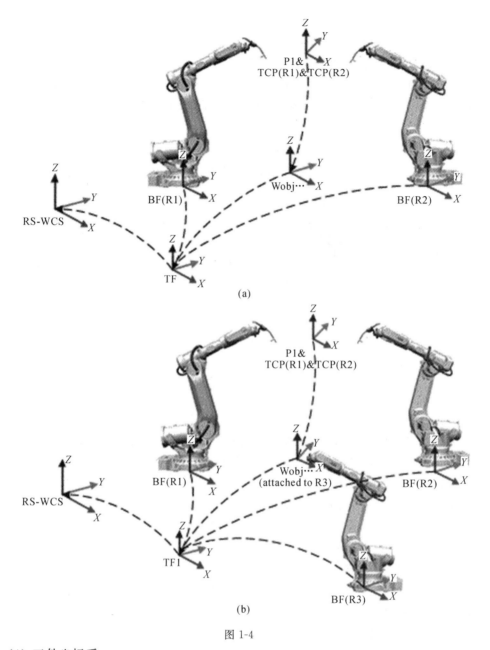

图 1-4

（4）工件坐标系。

工件坐标系通常表示实际工件。它由两个坐标系组成：用户框架和对象框架。其中，后者是前者的子框架。对机器人进行编程时，所有目标点（位置）都与工作对象的对象框架相关。如果未指定其他工作对象，目标点将与默认的工件坐标系 Wobj0 关联，Wobj0 始终与机器人的基座保持一致。

如果工件的位置已发生更改，可利用工件轻松地调整发生偏移的机器人程序。因此，工件可用于校准离线程序。如果固定装置或工件的位置相对于实际工作站中的机器人与离线工作站中的位置无法完全匹配，则只需调整工件的位置即可。

工件还可用于调整动作。如果工件固定在某个机械单元上（同时系统使用了该选项调整动作），当该机械单元移动该工件时，机器人将在工件上找到目标。

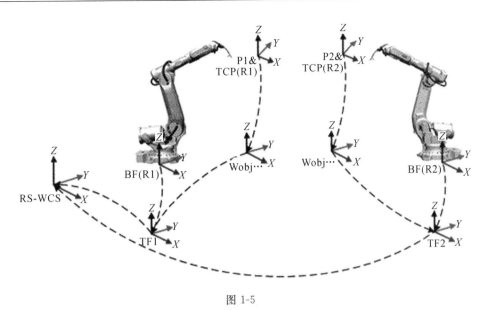

图 1-5

在图 1-6 中,灰色的坐标系为 RobotStudio 大地坐标系,黑色部分为工件坐标系的用户框架和对象框架。这里的用户框架定位在工作台或固定装置上,对象框架定位在工件上。

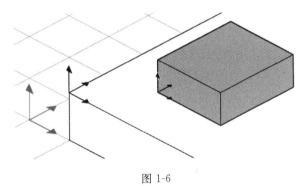

图 1-6

(5)用户坐标系。用户坐标系用于根据用户的选择创建参照点。例如,可以在工件上的策略点处创建用户坐标系以简化编程。

8)机器人轴配置

轴配置目标点定义并存储为工件坐标系内的坐标。控制器计算出机器人到达目标点时轴的位置,它一般会找到多个配置机器人轴的解决方案。为了区分不同配置,所有目标点都有一个配置值,用于指定每个轴的四元数。

(1)在目标点中存储轴配置。对于那些将机器人微动调整到所需位置之后示教的目标点,所使用的配置值将存储在目标点中。

凡是通过指定或计算位置和方位创建的目标,都会获得一个默认的配置值(0,0,0,0),该值可能对机器人到达目标点无效。

(2)与机器人轴配置有关的常见问题。在多数情况下,如果创建目标点的方法不是微动控制,则无法获得这些目标的默认配置。

即便路径中的所有目标都已验证配置,如果机器人无法在设定的配置之间移动,运行该路径时可能也会遇到问题。如果轴在线性移动期间移位幅度超过 $90°$,可能会出现这种情况。

重新定位的目标点会保留其配置,但是这些配置不再经过验证。因此,移动到目标点时,可能会出现上述问题。

(3)配置问题的常用解决方案。

要解决上述问题,可以为每个目标点指定一个有效配置,并确定机器人可沿各个路径移动。此外,可以关闭配置监控,也就是忽略存储的配置,使机器人在运行时找到有效配置。如果操作不当,可能无法获得预期结果。

在某些情况下,可能不存在有效配置。为此,可行的解决方案是重新定位工件,重新定位目标点(如果过程接受),或者添加外轴以移动工件或机器人,从而提高可到达性。

(4)机器人轴配置的表示方法。机器人的轴配置用四个整数表示,用来指定整转式有效轴所在的象限。象限的编号从 0 开始为正旋转(逆时针),从 -1 开始为负旋转(顺时针)。

对于线性轴,整数可以指定距轴所在的中心位置的范围(以 m 为单位)。

如:六轴工业机器人(如 IRB 140)的轴配置可表示为(0,-1,2,1)。

第一个整数(0)指定轴 1 的位置:位于第一个正象限内(介于 0~90°的旋转)。

第二个整数(-1)指定轴 4 的位置:位于第一个负象限内(介于 0~90°的旋转)。

第三个整数(2)指定轴 6 的位置:位于第三个正象限内(介于 180~270°的旋转)。

第四个整数(1)指定轴 x 的位置,这是用于指定与其他轴关联的机器人手腕中心的虚拟轴。

(5)配置监控。执行机器人程序时,可以选择是否监控配置值。如果关闭配置监控,将忽略使用目标点存储的配置值,机器人将使用最接近其当前配置的配置值移动到目标点。如果打开配置监控,则只使用指定的配置值。

可以分别关闭或打开关节和线性移动的配置监控,并由 ConfJ 和 ConfL 动作指令控制。

① 关闭配置监控。

如果在不使用配置监控的情况下运行程序,每执行一个周期时,得到的配置可能会有所不同。因为机器人在完成一个周期后返回起始位置时,可以选择与原始配置不同的配置。

对于使用线性移动指令的程序,可能会出现这种情况:机器人逐步接近关节限值,但是最终无法到达目标点。

对于使用关节移动指令的程序,可能会出现完全无法预测的移动。

② 打开配置监控。

如果在使用配置监控的情况下运行程序,则会强制机器人使用目标点中存储的配置。这样,循环和运动便可以预测。但是,在某些情况下,比如机器人从未知位置移动到目标点时,如果打开配置监控,可能会限制机器人的可到达性。

离线编程时,如果执行程序时要打开配置监控,则必须为每个目标指定一个配置值。

9)程序库、几何体和 CAD 文件

如果在 RobotStudio 中编程或仿真,需要使用工件和设备的模型。一些标准设备的模型作为程序库或几何体随 RobotStudio 一起安装。如果拥有工件和自定义设备的 CAD 模型,也可以将其作为几何体导入 RobotStudio。如果没有设备的 CAD 模型,可以在 RobotStudio 中创建该设备的模型。

(1)几何体和程序库之间的区别。

导入 RobotStudio 工作站的对象可以是几何体,也可以是程序库文件。

从根本上讲,几何体就是 CAD 文件。这些文件在导入后可以复制到 RobotStudio 工作站。

程序库文件是指在RobotStudio中已另存为外部文件的对象。导入程序库时,将会创建RobotStudio工作站至程序库文件的连接。因此,RobotStudio工作站中的文件不会像导入几何体时一样增加。此外,除几何数据外,程序库文件可以包含RobotStudio特有的数据。例如,如果将工具另存为程序库,工具数据将与CAD数据保存在一起。

(2)构建几何体的方法。

导入的几何体显示为对象浏览器中的一个部件。如果选择RobotStudio的"建模"功能选项卡,可以看到该几何体的组件。

几何体的顶部节点称为部件(part)。部件包含物体(bodies),物体的类型可以是立体、表面或曲线。

立体(solid)是3D对象,包含各种面(faces)。真正的立体可看作包含多个面的一个体。

表面(surface)是只有一个面的2D对象。如果一个部件包含多个体,而每个体包含一个创建自2D表面的面,这些面共同构成一个3D对象,则该部件不是真正的立体。如果未正确创建这些部件,可能会导致显示和图形编程问题。

曲线(curve)仅由"Modeling"(建模)浏览器中的体节点表示,不包含任何子节点。

使用RobotStudio中的"建模"功能选项卡时,可以通过添加、移动、重新排列或删除物体来编辑部件。这样,便可通过删除不必要的物体来优化现有的部件,还可通过组合多个物体来新建部件。

(3)导入及转换CAD文件。

可以使用RobotStudio的导入功能将CAD文件导入为几何体。

如果要将CAD文件转换为其他格式或者默认转换设置,再行导入,则可以使用导入之前通过RobotStudio安装的CAD转换器。

(4)支持的3D格式。

RobotStudio的原生3D格式是ACIS。RobotStudio包含ACIS R25SP1,支持其所支持CAD格式的更新版本。RobotStudio还支持其他格式(需要选择)。表1-8列出了RobotStudio支持的格式和相应选件。

表1-8　RobotStudio格式和相应选件

格　　式	文件扩展名	所需选件	默认目标格式
ACIS,可读版本 R1~R24,可写版本 R18~R25	sat	—	IGES,STEP,VDA-FS
IGES,读取最高版本为版本5.3,写入版本5.3	igs,iges	IGES	ACIS,STEP,VDA-FS
Step,读取版本AP203和AP214(仅支持几何体),写入版本AP214	stp,step,p21	STEP	ACIS,IGES,VDA-FS
VDA-FS,读取版本1.0和2.0,写入版本2.0	vda,vdafs	VDA-FS	ACIS,IGES,STEP
CATIA V4,读取版本4.1.9~4.2.4	model,exp	CATIA V4	ACIS,IGES,STEP,VDA-FS
CATIA V5,可读版本R8~R24(V5-6R2014)	CATPart, CATProduct	CATIA V5	ACIS,IGES,STEP,VDA-FS
ProE/Creo,可读版本16-Creo 3.0	prt,asm	Pro/ ENGINEER	ACIS,IGES,STEP,VDA-FS

格　　式	文件扩展名	所需选件	默认目标格式
Inventor,可读版本 V6-V2015	ipt	Inventor	ACIS,IGES,STEP,VDA-FS
VRML,可读版本 VRML2(不支持 VRML1)	wrl,vrml, vrml2	—	RsGfx
STL,支持 ASCII STL(不支持二进制 STL)	stl	—	RsGfx
3DStudio	3ds	—	RsGfx
COLLADA 1.4.1	dae	—	RsGfx
OBJ	obj	—	RsGfx

要将这些文件导入到 RobotStudio 中,请使用"Import Geometry"(导入几何体)功能。

要将文件转换为 VDA-FS、STEP 和 IGES 格式,请使用单独的 CAD 转换器工具。如果要将文件转换为其他格式,请使用 RobotStudio 中的"Export Geometry"(导出几何体)功能。在转换文件时,需要选择目标格式和源格式的选项。

(5)数学式表达与几何体。CAD 文件中的几何体通过数学式表达。当几何体导入 RobotStudio 时,数学式表达转化为显示在图形窗口中的图形化表达,表示为图形窗口中的部件。

对于这种表达式,可以设置详情等级,进而减少大模型的文件大小和渲染时间,并改善可能要放大的小模型的可视化显示效果。详情等级只影响可视化显示;模型创建的路径和曲线将准确反映其粗细设置。

也可以导入仅有简单图形表达而没有数学式表达的文件。在这种情况下,RobotStudio 的一些功能,如捕捉模式、由图形创建曲线等将不适用于此种类型的部件。

任务 2　下载安装 ABB 品牌工业机器人仿真软件 RobotStudio

1. 下载 RobotStudio

ABB 公司提供了 RobotStudio 的下载网址:http://new. abb. com/products/robotics/robotstudio/downloads。搜索并访问该网址,如图 1-7 所示。

点击"Download RobotStudio 6.06.01 SP1 with RobotWare 6.06.01",选择存储目录,即可下载。其中 6.06.01 是 RobotStudio 的版本号,ABB 公司官方网站上提供的是最新的版本号。

2. 安装 Robotstudio

安装 RobotStudio 时,需要在计算机上拥有管理员权限。RobotStudio 提供以下安装选项。

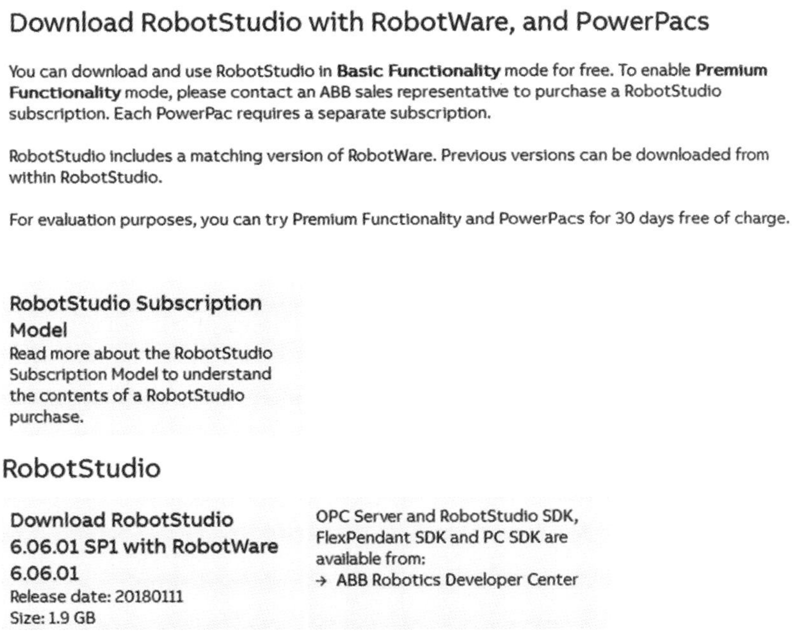

Download RobotStudio with RobotWare, and PowerPacs

You can download and use RobotStudio in **Basic Functionality** mode for free. To enable **Premium Functionality** mode, please contact an ABB sales representative to purchase a RobotStudio subscription. Each PowerPac requires a separate subscription.

RobotStudio includes a matching version of RobotWare. Previous versions can be downloaded from within RobotStudio.

For evaluation purposes, you can try Premium Functionality and PowerPacs for 30 days free of charge.

RobotStudio Subscription Model
Read more about the RobotStudio Subscription Model to understand the contents of a RobotStudio purchase.

RobotStudio

Download RobotStudio 6.06.01 SP1 with RobotWare 6.06.01
Release date: 20180111
Size: 1.9 GB

OPC Server and RobotStudio SDK, FlexPendant SDK and PC SDK are available from:
→ ABB Robotics Developer Center

图 1-7

（1）最小化安装。仅安装为了设置、配置和监控通过以太网相连的真实控制器所需的功能。

（2）完整安装。安装运行完整的 RobotStudio 所需的所有功能。选择此安装选项，可以使用基本版和高级版的所有功能。

（3）自定义安装。安装用户自定义的功能。选择此安装选项，可以选择不安装不需要的机器人库文件和 CAD 转换器。

注意：在 64 位操作系统的计算机上，若选择完整安装选项，将同时安装 RobotStudio 的 32 位和 64 位版本。64 位版本比 32 位版本的内存寻址能力更强，所以 64 位版本可以导入更大的 CAD 模型。

但 64 位版本也存在以下限制：① 不支持 ScreenMaker、SafeMove Configurator 和 EPS Wizard；② 加载项将从 C：\Program Files（x86）\ABB Industrial IT\Robotics IT\RobotStudio 6.0\Bin64\Addins 加载。

安装 RobotWare 时将会安装对应 RobotStudio 版本的 RobotWare，也可以在连接互联网时通过 RobotStudio 下载和安装其他 RobotWare 版本。在插件选项卡，单击 RobotApps 即可。RobotWare 部分显示了可供下载的 RobotWare 版本。

安装完成后，需要激活 RobotStudio。RobotStudio 分为以下两种功能级别。

（1）Basic。提供所选的 RobotStudio 功能，如配置、编程和运行虚拟控制器。还可以通过以太网对真实控制器进行编程、配置和监控等在线操作。

（2）Premium。提供完整的 RobotStudio 功能，可实现离线编程和多机器人仿真。Premium 级别包括 Basic 级别的功能，并需要激活。要购买 Premium 级别的许可，请联系 ABB 机器人技术销售代表：www.abb.com/contacts。

表 1-9 列出了 Basic 和 Premium 级别提供的功能。

表 1-9　Basic 和 Premium 级别提供的功能

功　　能	Basic	Premium
真实或虚拟机器人调试的必要功能,例如: ● 系统生成器 ● 事件日志查看器 ● 配置编辑器 ● RAPID 编辑器 ● 备份/恢复 ● I/O 窗口	是	是
生产功能,例如: ● RAPID 数据编辑器 ● RAPID 比较 ● 调整 RobTarget ● RAPID Watch ● RAPID 断点 ● 信号分析器 ● MultiMove 工具 ● ScreenMaker1.2 ● 作业	—	是
基本离线功能,例如: ● 打开工作站 ● Unpack and Work(解压并工作) ● 运行仿真 ● 转为离线 ● 机器人微动控制工具 ● 齿轮箱热量预测 ● ABB 机器人库	是	是
高级离线功能,例如: ● 图形编程 ● 保存工作站 ● Pack and Go(打包带走) ● 导入/导出几何体 ● 导入模型库 ● 创建工作站查看器和影片 ● 传输 ● 自动路径 ● 3D 操作	—	是
加载项	—	是

注意:① 要求机器人真实控制器系统安装 RobotWare 选件 PC 接口以允许 LAN 通信。通过服务端口连接或虚拟控制器通信无需此选件。② 要求机器人控制器系统安装 RobotWare 选件 FlexPendant 接口

3. RobotStudio 软件的授权管理

独立许可是通过"激活向导…"激活的。如果计算机连接了互联网,RobotStudio 会自动激活,否则需要手动激活。

使用下列步骤启动"激活向导…"。

（1）单击"文件（F）"功能选项卡，然后单击"帮助"，如图 1-8 所示。

图 1-8

（2）在"支持"下单击"管理授权"。此时会打开"选项"对话框，并显示授权选项，如图1-9所示。

（3）单击"激活向导…"可查看 RobotStudio 许可选项，如图 1-10 所示。

注意：要解决激活中遇到的问题，请按 www. abb. com/contacts 提供的电子邮件地址或电话号码联系 ABB 客户支持代表。或者，可以发送电子邮件到 softwarefactory_support@ se. abb. com 并附上激活密钥。

如果计算机连接了互联网，则"激活向导…"会自动将您的激活请求发送到 ABB 许可服务器，许可自动安装后产品即可使用。激活后，必须重启 RobotStudio。

如果计算机没有连接互联网，则必须进行手动激活，步骤如下。

① 通过点击图 1-8 中的"新建"，创建一个许可请求文件。

② 继续执行"激活向导…"步骤，输入激活密钥，并将许可请求文件保存到计算机中。

③ 使用移动存储设备（如 U 盘），将该文件传送到连接了互联网的计算机。在这台计算机上，打开网络浏览器，访问 http://www101. abb. com/manualactivation/，并按提示操作。

图 1-9

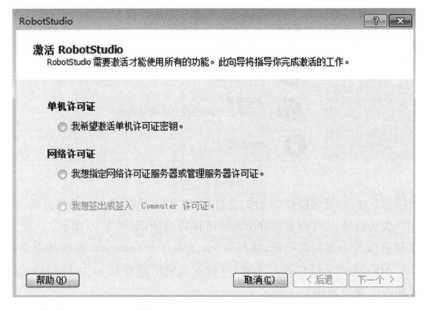

图 1-10

④ 最后将获得一个许可密钥文件。请保存此文件,并将它传回等待激活 RobotStudio 的计算机上。

⑤ 重新启动"激活向导…",按照提示操作,直至到达激活单机许可页面。

⑥ 选择"我希望激活单机许可证密钥"。

⑦ 继续执行"激活向导…",选择获得的许可密钥文件。完成后,RobotStudio 被激活并可开始使用。激活后,必须重启 RobotStudio。

任务 3　RobotStudio 软件界面

1. 功能区、选项卡和组

（1）"文件（F）"功能选项卡，如图 1-11 所示，包含创建新工作站、创建机器人系统、连接到控制器、保存工作站等。

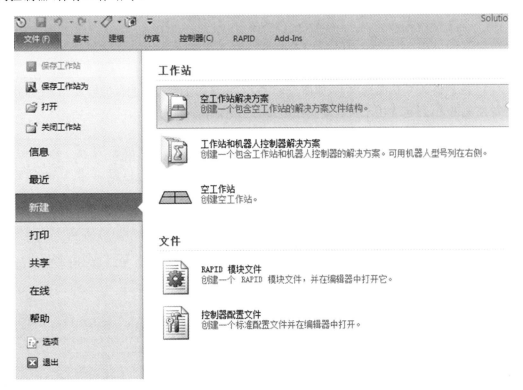

图 1-11

（2）"基本"功能选项卡，如图 1-12 所示，包含建立工作站、创建系统、路径编程和摆放物体所需的控件。

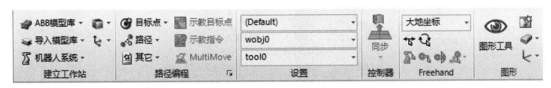

图 1-12

（3）"建模"功能选项卡，如图 1-13 所示，包含创建和分组、工作站组件、创建实体、测量以及其他 CAD 操作所需的控件。

（4）"仿真"功能选项卡，如图 1-14 所示，包含创建、控制、监控和记录仿真所需的控件。

图 1-13

图 1-14

（5）"控制器（C）"功能选项卡，如图 1-15 所示，包含用于虚拟控制器的同步、配置和分配任务的控制措施，还包含用于管理真实控制器的控制措施。

图 1-15

（6）"RAPID"功能选项卡，如图 1-16 所示，包含集成的 RAPID 编辑器，用于编辑除机器人运动之外的其他所有机器人任务。

图 1-16

（7）"Add-Ins"功能选项卡，如图 1-17 所示，包含 PowerPacs 的控件等。

图 1-17

2. 布局浏览器

布局浏览器中分层显示工作站中的项目，如机器人和工具等，各图标及其描述如表 1-10 所示。

表 1-10　布局浏览器中各项目图标及其描述

图　　标	节　　点	描　　　　　述
	Robot	工作站中的机器人
	工具	工具
	链接集合	包含对象的所有链接
	链接	关节连接的实际对象。每个链接由一个或多个部件组成
	框架集合	包含对象的所有框架
	组件组	部件或其他组装件的分组,每组都有各自的坐标系。它用来构建工作站
	部件	RobotStudio 中的实际对象。包含几何信息的部件由一个或多个 2D 或 3D 实体组成,不包含几何信息的部件(例如,导入的".jt"文件)为空
	碰撞集	包含所有的碰撞。每个碰撞集包含两组对象
	对象组	包含接受碰撞检测的对象的参考信息
	碰撞集机械装置	碰撞集中的对象
	框架	工作站内的框架

3. 路径和目标点浏览器

路径和目标点浏览器的各图标及其描述如表 1-11 所示。

表 1-11　路径和目标点浏览器的各图标及其描述

图　　标	节　　点	描　　　　　述
	工作站	RobotStudio 中的工作站
	虚拟控制器	用来控制机器人的系统,例如 IRC5 控制器
	任务	包含工作站内的所有逻辑元素,例如目标、路径、工作对象、工具数据和指令
	工具数据集合	包含所有工具数据
	工具数据	用于机器人或任务的工具数据

图 标	节 点	描 述
	工件坐标与目标点	包含用于任务或机器人的所有工件坐标和目标点
	接点目标集合与接点目标	机器人轴的指定位置
	工件坐标集合和工件坐标	工件坐标集合节点和该节点中包含的工件坐标
	目标点	定义的机器人位置。目标点相当于 RAPID 程序中的 RobTarget
	不带指定配置的目标点	尚未指定轴配置的目标点,例如,重新定位的目标点或通过微动控制之外的方式创建的新目标点
	不带已找到配置的目标点	无法伸展到的目标点,即尚未找到该目标点的轴配置
	路径集合	包含工作站内的所有路径
	路径	包含机器人的移动指令
	线性移动指令	到目标点的线性 TCP 运动。如果尚未指定目标的有效配置,移动指令就会得到与目标点相同的警告符号
	关节移动指令	目标点的关节动作。如果尚未指定目标的有效配置,移动指令就会得到与目标点相同的警告符号
	动作指令	定义机器人的动作,并在路径中的指定位置执行

4. 建模浏览器

建模浏览器显示了所有可编辑对象及其构成部件,各图标及其描述如表 1-12 所示。

表 1-12 建模浏览器各图标及其描述

图 标	节 点	描 述
	部件	与布局浏览器中的对象对应的几何物体
	物体	包含各种部件的几何构成块。3D 物体包含多个表面,2D 物体包含一个表面,而曲线物体不包含表面
	表面	物体的表面

5. 文件浏览器

通过“RAPID”功能选项卡中的文件浏览器,可以管理 RAPID 文件和系统备份。使用文件浏览器,可以访问未驻留在控制器内存中的独立 RAPID 模块和系统参数文件,并接着进行编辑。文件浏览器各图标及其描述如表 1-13 所示。

表 1-13　文件浏览器各图标及其描述

图　标	节　点	描　述
	文件	管理 RAPID 文件
	备份	管理系统备份

6. 加载项浏览器

加载项浏览器各图标及其描述如表 1-14 所示。

表 1-14　加载项浏览器各图标及其描述

图　标	节　点	描　述
 （蓝色）	加载项	表示加载到系统中的可用加载项
	被禁用的加载项	表示被禁用的加载项
 （灰色）	未加载的加载项	表示从系统中卸载的加载项

7. 控制器浏览器

控制器浏览器用分层方式显示，可在“控制器（C）”功能选项卡视图中看到控制器和配置元素，各图标及其描述如表 1-15 所示。

表 1-15　控制器浏览器各图标及其描述

图　标	节　点	描　述
	控制器	包含连接至当前机器人监控窗口（robot view）的控制器
	已连接控制器	表示已经连接至当前网络的控制器
	正在连接的控制器	表示一个正在连接的控制器
	已断开的控制器	表示断开连接的控制器。该控制器可能被关闭或从当前网络断开
	拒绝登录	表示无法登录的控制器。无法访问的原因可能是： ● 用户缺少必要的访问权限 ● 太多客户端连接至当前控制器 ● 在控制器上运行的系统的 RobotWare 版本比 RobotStudio 的版本新
	配置	包含配置主题

续表

图　标	节　点	描　　述
	主题	每个节点表示一个主题： ● 连接 ● Controller ● I/O ● 人机连接 ● 动作
	事件日志	通过事件日志，可以查看或保存控制器事件信息
	I/O 系统	控制器 I/O 系统，由工业网络和设备组成
	工业网络	工业网络是一个或多个设备的连接介质
	设备	拥有端口的电路板、面板或任何其他设备，可以用来发送 I/O 信号
	RAPID 任务	包括控制器上活动状态的任务（程序）
	任务	任务即为机器人程序，可以单独执行也可以和其他程序一起执行。程序由一组模块组成
	程序模块	包含一组针对特定任务的数据声明和例行程序，包含特定于当前任务的数据
	Nostepin 模块	在逐步执行时不能进入的模块。也就是说，在程序逐步执行时，该模块中的所有指令被当作一条指令
	只查看和 只读程序模块	只查看或只读程序模块
	只查看和 只读系统模块	只查看或只读系统模块
	程序	不返回值的例行程序。过程用作子程序
	功能	返回特定类型值的例行程序
	陷阱（中断）	对中断做出反应的例行程序

8. 鼠标的使用方法

表 1-15 介绍了如何使用鼠标导航图形窗口。

表 1-15　使用鼠标导航图形窗口

功　能	使用键盘/鼠标组合	描　述
选择项目		只需单击要选择的项目即可。要选择多个项目,请按 CTRL 键的同时单击新项目
旋转工作站	CTRL＋SHIFT＋	按 CTRL＋SHIFT＋鼠标左键,拖动鼠标对工作站进行旋转
平移工作站	CTRL＋	按 CTRL＋鼠标左键,拖动鼠标对工作站进行平移
缩放工作站	CTRL＋	按 CTRL＋鼠标右键,将鼠标拖至左侧可以缩小,将鼠标拖至右侧可以放大
使用窗口缩放	SHIFT＋	按 SHIFT＋鼠标右键,将鼠标拖过要放大的区域
使用窗口选择	SHIFT＋	按 SHIFT＋鼠标左键,将鼠标拖过该区域,以便选择与当前选择层级匹配的所有项目

思考与实训

（1）当前有哪些常见的机器人应用技术仿真软件?

（2）简要描述工业机器人仿真软件的功能。

（3）如何恢复 RobotStudio 的默认布局?

（4）在使用 RobotStudio 仿真软件时,旋转工作站除了同时按 CTRL＋SHIFT＋鼠标左键,还可以采用什么方法?

项目 2　RobotStudio 仿真技术知识储备

（1）学会建立工业机器人系统。

（2）学会建模、导入几何体和摆放工作站。

（3）学会加载机器人的工具。

（4）掌握工业机器人的手动操作。

（5）学习创建机械装置。

（6）学习建立工业机器人坐标系。

知识要点

（1）建立工业机器人系统。

（2）建模及导入几何体。

（3）加载机器人工具。

（4）工业机器人手动操作。

（5）机械装置创建。

（6）工业机器人坐标系创建。

训练项目

（1）建立工业机器人系统。

（2）建模及导入几何体。

（3）加载机器人的工具。

（4）工业机器人的手动操作。

（5）创建机械装置。

（6）建立工业机器人坐标系。

任务 1　建立工业机器人系统

RobotStudio 提供在计算机上进行 ABB 机器人示教器操作练习的功能，下面介绍如何在 RobotStudio 中从布局建立练习用的系统。

（1）首先打开"文件（F）"功能选项卡，选择"新建"，选择"空工作站"，创建一个空工作站，如图 2-1、图 2-2 所示。

图 2-1

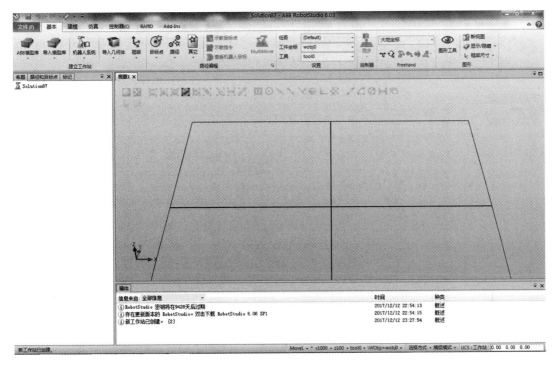

图 2-2

（2）然后在"基本"功能选项卡中单击"ABB 模型库"，可以从相应的列表中选择所需的机器人、变位机和导轨，如图 2-3 所示。我们以 IRB 1410 为例。在"ABB 模型库"下拉菜单中选择"IRB 1410"机器人本体数模，如图 2-4 所示。

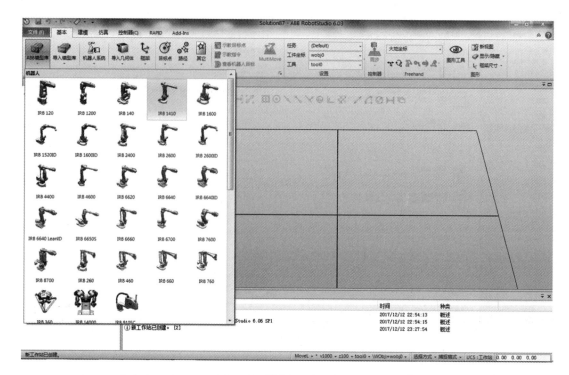

图 2-3

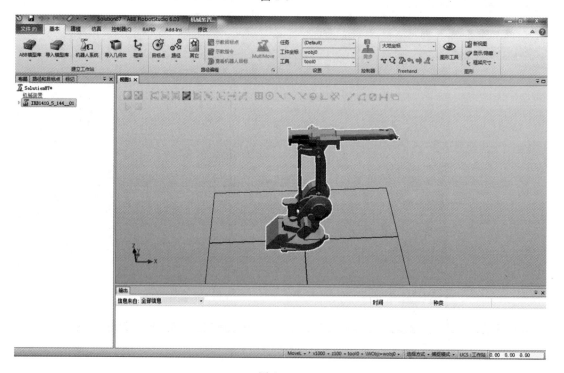

图 2-4

（3）在"基本"功能选项卡中单击"机器人系统"，在"机器人系统"下拉菜单中点击"从布局…"，如图 2-5 所示。

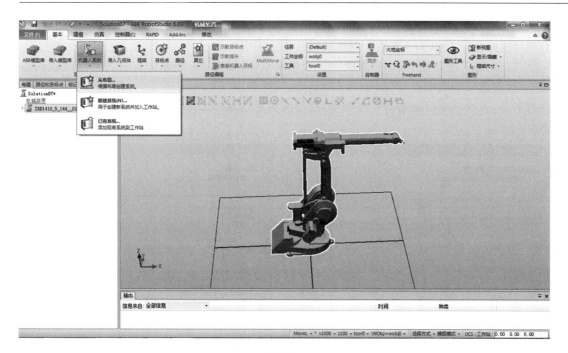

图 2-5

（4）在"名称"中可以输入新创建的系统的名称，这里我们输入"SystemTEST"；"RobotWare"选择框中是已安装的所有 RobotWare 媒体池，这里我们选择使用 RobotWare6.03 版本创建系统，如图 2-6 所示。

图 2-6

点击"下一个"进入"选择系统的机械装置"对话框,如图 2-7 所示,因为未使用变位机和导轨等机械装置,确认勾选系统中存在的机械装置"IRB 1410_5_144__01"后,点击"下一个"。

(5)配置系统参数。单击"选项…"进入修改页面,如图 2-8 所示。首先我们修改默认语言,在更改选项类别中点击"Default Language",在选项"Chinese"前打勾,如图 2-9 所示。要注意的是,在选项中只能选择一种语言,打勾前请将选项"English"取消勾选,否则无法勾选"Chinese"。

图 2-7

图 2-8

图 2-9

在更改选项类别中点击" Industrial Networks",在选项"709-1 DeviceNet Master/Slave"前打勾,如图 2-10 所示。

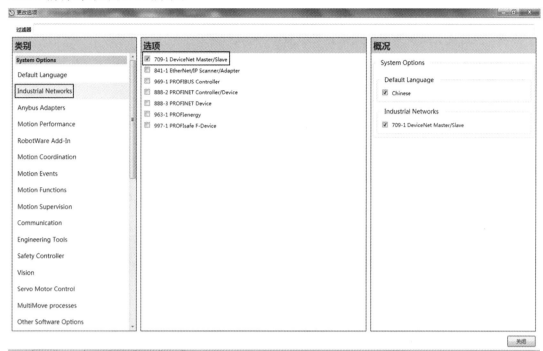

图 2-10

在更改选项类别中点击"Anybus Adapters",在选项" 840-2 PROFIBUS Anybus Device"前打勾,如图 2-11 所示。

图 2-11

将三个选项勾选完成后,点击"关闭"。

弹出如图 2-12 所示的对话框时,请核对左侧系统配置中是否显示"Chinese""709-1 DeviceNet Master/Slave""840-2 PROFIBUS Anybus Device"三个选项,如未显示请重新点击"选项…",重复上述步骤重新设置。之后点击"完成(F)"。

图 2-12

(6) 系统进入启动状态,如图 2-13 所示。右下角控制器状态由红色变为黄色,最后变为绿色,表示系统已经启动完成且无异常。

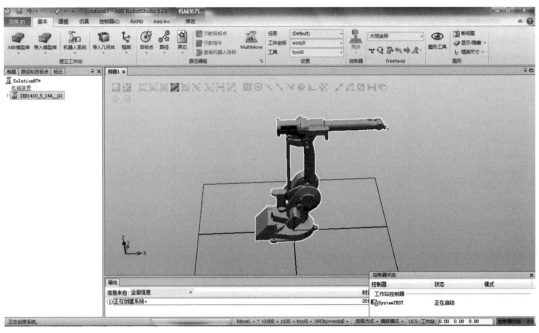

图 2-13

在"控制器(C)"功能选项卡中点击"示教器"右侧的三角形,在下拉菜单中点击"虚拟示教器",结果如图 2-14 所示。

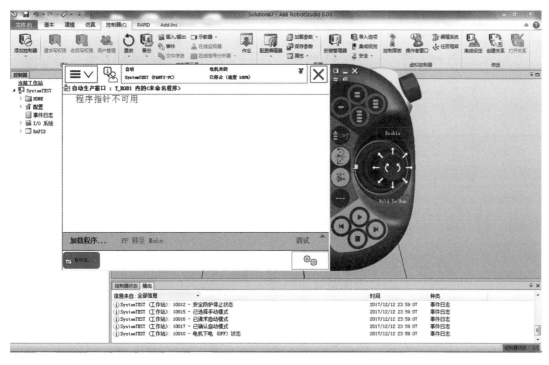

图 2-14

点击示教器拨杆左边的"Control panel",在弹出页面中,将机器人运行模式钥匙调至手动状态(点击钥匙对应的单选框),结果如图 2-15 所示。

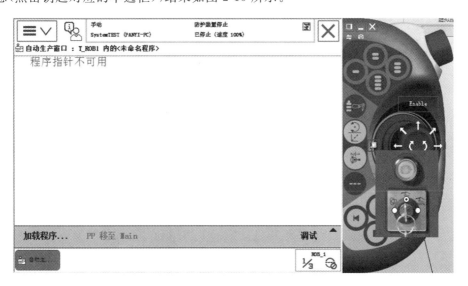

图 2-15

随后我们即可使用"Enable"按钮代替真实示教器的使能按钮来操作机器人,如图2-16所示。

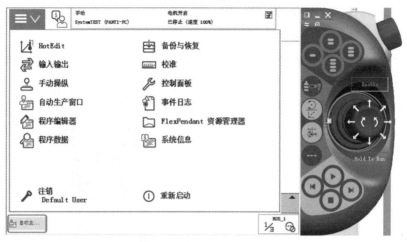

图 2-16

任务 2　建模及导入几何体

1. 使用 RobotStudio 建模功能创建 3D 模型

当使用 RobotStudio 进行机器人的仿真验证时，如验证节拍、到达能力等，如果对周边模型不要求非常细致的表述，则可以用简单的等同实际大小的基本模型进行代替，从而节约仿真验证的时间，如图 2-17 所示。如果需要精细的 3D 模型，可以通过第三方建模软件进行建模，并以"＊.sat"格式导入 RobotStudio 中来完成建模布局的工作。

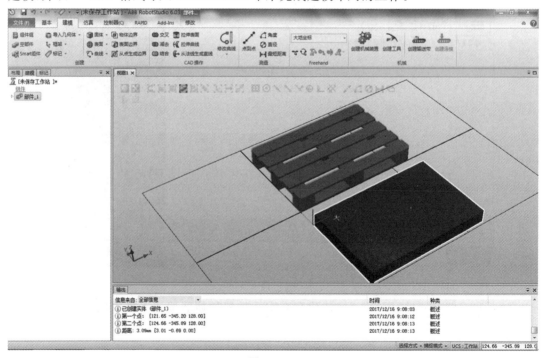

图 2-17

（1）固体建模功能说明如表 2-1 所示。

表 2-1　固体建模功能说明

序号	软件图标	示　意　图	说　　明
1	创建矩形体		参考:选择要与所有位置或点关联的参考坐标系 角点(A):单击这些框之一,然后在图形窗口中单击相应的角点,将这些值传送至角点框,或者键入相应的位置。该角点将成为矩形体的本地原点 方向:如果对象将根据参照坐标系旋转,请指定方向 长度(B):指定该矩形体沿 X 轴的尺寸 宽度(C):指定该矩形体沿 Y 轴的尺寸 高度(D):指定该矩形体沿 Z 轴的尺寸
2	创建立方体（三点）		参考:选择要与所有位置或点关联的参考坐标系 角点(A):单击这些框之一,然后在图形窗口中单击相应的角点,将这些值传送至角点框,或者键入相应的位置。该角点将成为立方体的本地原点 XY 平面图对角线上的点(B):此点是本地原点的斜对角点。它与本地原点确定了本地坐标系的 X 轴和 Y 轴方向,以及该立方体沿这些轴的尺寸。键入相应的位置,或在其中一个框中单击,然后在图形窗口中选择相应的点 Z 轴指示点(C):此点是本地原点上方的角点,它确定了本地坐标系的 Z 轴方向,以及立方体沿 Z 轴的尺寸。键入相应的位置,或在其中一个框中单击,然后在图形窗口中选择相应的点
3	创建圆锥体		参考:选择要与所有位置或点关联的参考坐标系 基座中心点(A):单击这些框之一,然后在图形窗口中单击相应的中心点,将这些值传送至基座中心点框,或者键入相应的位置。该中心点将成为圆锥体的本地原点 方向:如果对象将根据参照坐标系旋转,请指定方向 半径(B):指定圆锥体半径 直径:指定圆锥体直径 高度(C):指定圆锥体高度
4	创建圆柱体		参考:选择要与所有位置或点关联的参考坐标系 基座中心点(A):单击这些框之一,然后在图形窗口中单击相应的中心点,将这些值传送至基座中心点框,或者键入相应的位置。该中心点将成为圆柱体的本地原点 方向:如果对象将根据参照坐标系旋转,请指定方向 半径(B):指定圆柱体半径 直径:指定圆柱体直径 高度(C):指定圆柱体高度

序号	软件图标	示 意 图	说 明
5	创建锥体		参考:选择要与所有位置或点关联的参考坐标系 基座中心点(A):单击这些框之一,然后在图形窗口中单击相应的中心点,将这些值传送至基座中心点框,或者键入相应的位置。该中心点将成为锥体的本地原点 方向:如果对象将根据参照坐标系旋转,请指定方向 角点(B):键入相应的位置,或在该框中单击,然后在图形窗口中选择相应的点 高度(C):指定锥体的高度 面数:指定锥体的面数,最大为50
6	创建球体		参考:选择要与所有位置或点关联的参考坐标系 中心点(A):单击这些框之一,然后在图形窗口中单击相应的点,将这些值传送到中心点框,或者键入相应的位置。该中心点将成为球体的本地原点 半径(B):指定球体的半径 直径:指定球体的直径

（2）表面建模功能说明如表 2-2 所示。

表 2-2　表面建模功能说明

序号	软件图标	示 意 图	说 明
1	创建表面圆		参考:选择要与所有位置或点关联的参考坐标系 中心点(A):单击这些框之一,然后在图形窗口中单击相应的点,将这些值传送到中心点框,或者键入相应的位置。该中心点将成为圆形表面的本地原点 方向:如果对象将根据参照坐标系旋转,请指定方向 半径(B):指定圆形的半径 直径:指定圆形的直径
2	创建表面矩形		参考:选择要与所有位置或点关联的参考坐标系 起点(A):单击这些框之一,然后在图形窗口中单击相应的点,将这些值传送到起点框,或者键入相应的位置。该起点将成为矩形表面的本地原点 方向:如果对象将根据参照坐标系旋转,请指定方向 长度(B):指定矩形的长度 宽度(C):指定矩形的宽度

序号	软件图标	示 意 图	说 明
3	创建表面 多边形		参考:选择要与所有位置或点关联的参考坐标系 中心点(A):单击这些框之一,然后在图形窗口中单击相应的点,将这些值传送到中心点框,或者键入相应的位置。该中心点将成为多边形表面的本地原点 第一个顶点:键入相应的位置,或在其中一个框中单击,然后在图形窗口中选择相应的点 顶点:指定多边形的顶点数,最大为50
4	从曲线 创建表面	—	从图形选择曲线:在图形窗口中单击选择曲线

（3）曲线建模功能说明如表 2-3 所示。

表 2-3　曲线建模功能说明

序号	软件图标	示 意 图	说 明
1	创建直线		参考:选择要与所有位置或点关联的参考坐标系 起点(A):单击这些框之一,然后在图形窗口中单击相应的起点,将这些值传送至起点框 端点(B):单击这些框之一,然后在图形窗口中单击端点,将这些值传送至端点框
2	创建圆		参考:选择要与所有位置或点关联的参考坐标系 中心点(A):单击这些框之一,然后在图形窗口中单击相应的中心点,将这些值传送至中心点框 方向:指定圆形的坐标方向 半径(AB):指定圆形的半径 直径:指定圆形的直径
3	三点创建圆		参考:选择要与所有位置或点关联的参考坐标系 第一个点(A):单击这些框之一,然后在图形窗口中单击第一个点,将这些值传送至第一个点框 第二个点(B):单击这些框之一,然后在图形窗口中单击第二个点,将这些值传送至第二个点框 第三个点(C):单击这些框之一,然后在图形窗口中单击第三个点,将这些值传送至第三个点框

序号	软件图标	示　意　图	说　　明
4	创建弧形		参考:选择要与所有位置或点关联的参考坐标系 起点(A):将单击这些框之一,然后在图形窗口中单击相应的起点,将这些值传送至起点框 中点(B):单击这些框之一,然后在图形窗口中单击中点,将这些值传送至中点框 终点(C):单击这些框之一,然后在图形窗口中单击终点,将这些值传送至终点框
5	创建椭圆弧		参考:选择要与所有位置或点关联的参考坐标系 中心点(A):单击这些框之一,然后在图形窗口中单击相应的中心点,将这些值传送至中心点框 长轴端点(B):单击这些框之一,然后在图形窗口中单击椭圆长轴的端点,将这些值传送至长轴端点框 短轴端点(C):单击这些框之一,然后在图形窗口中单击椭圆短轴的端点,将这些值传送至短轴端点框 起始角度(α):指定弧的起始角度,从长轴测量 终止角度(β):指定弧的终止角度,从长轴测量
6	创建椭圆		参考:选择要与所有位置或点关联的参考坐标系 中心点(A):单击这些框之一,然后在图形窗口中单击相应的中心点,将这些值传送至中心点框 长轴端点(B):单击这些框之一,然后在图形窗口中单击椭圆长轴的端点,将这些值传送至长轴端点框 次半径(C):指定椭圆短轴长度。创建短轴,与长轴垂直
7	创建矩形		参考:选择要与所有位置或点关联的参考坐标系 起点(A):单击这些框之一,然后在图形窗口中单击相应的起点,将这些值传送至起点框。将以正坐标方向创建矩形 方向:指定矩形的方向坐标 长度(B):指定矩形沿 X 轴方向的长度 宽度(C):指定矩形沿 Y 轴方向的长度
8	创建多边形		参考:选择要与所有位置或点关联的参考坐标系 中心点(A):单击这些框之一,然后在图形窗口中单击相应的中心点,将这些值传送至中心点框 第一个顶点(B):单击这些框之一,然后在图形窗口中单击第一个顶点,将这些值传送至第一个顶点框。中心点与第一个顶点之间的距离将用于所有顶点 顶点:指定创建多边形时要用的顶点数,最大为 50

续表

序号	软件图标	示意图	说明
9	创建多段线		参考:选择要与所有位置或点关联的参考坐标系 点坐标:在此处指定多段线的每个节点,一次指定一个,具体方法是键入所需的值,或者单击这些框之一,然后在图形窗口中选择相应的点,以传送其坐标 Add:向列表中添加点及其坐标 修改:在列表中选择已经定义的点并输入新值,可以修改该点 列表:多段线的节点。要添加多个节点,请单击"Add New"(添加一个新的),并在图形窗口中单击所需的点,然后单击"Add"(添加)
10	创建样条曲线		参考:选择要与所有位置或点关联的参考坐标系 点坐标:在此处指定样条曲线的每个节点,一次指定一个,具体方法是键入所需的值,或者单击这些框之一,然后在图形窗口中选择相应的点,以传送其坐标 Add:向列表中添加点及其坐标 列表:样条曲线的节点。要添加多个节点,请单击"Add New",并在图形窗口中单击所需的点,然后单击"Add"

（4）边界建模功能说明如表 2-4 所示。

表 2-4　边界建模功能说明

序号	软件图标	示意图	说明
1	物体边界		要使用在物体间创建边界命令,当前工作站必须至少存在两个物体 第一个物体:单击此框,然后在图形框中选择第一个物体 第二个物体:单击此框,然后在图形框中选择第二个物体
2	表面边界		要使用在表面周围创建边界命令,当前工作站必须至少包含一个带图形演示的对象 选择表面:单击此框,然后在图形框中选择表面
3	从点生成边界		要使用从点生成边界命令,当前工作站必须至少包含一个对象 选择物体:单击此框,然后在图形窗口中选择一个对象 点坐标:在此处指定定义边界的点,一次指定一个,具体方法是键入所需的值,或者单击这些框之一,然后在图形窗口中选择相应的点,以传送其坐标 Add:向列表中添加点及其坐标 修改:在列表中选择已经定义的点并输入新值,可以修改该点 列表:定义边界的点。要添加多个点,请单击"Add New",并在图形窗口中单击所需的点,然后单击"Add"

（5）交叉、减去、结合建模功能说明如表 2-5 所示。

表 2-5　交叉、减去、结合建模功能说明

序号	软件图标	示　意　图	说　　明
1	交叉	A　B	保留初始位置:选择此复选框,以便在创建新物体时保留原始物体 交叉…(A):在图形窗口中单击选择要建立交叉的物体 A …和(B):在图形窗口中单击选择要建立交叉的物体 B 新物体将会根据选定物体 A 和 B 之间的公共区域创建
2	减去	A　B	保留初始位置:选择此复选框,以便在创建新物体时保留原始物体 减去…(A):在图形窗口中单击选择要减去的物体 A …与(B):在图形窗口中单击选择要减去的物体 B 新物体将会根据物体 A 减去物体 A 和 B 的公共体积后的区域创建
3	结合	A　B	保留初始位置:选择此复选框,以便在创建新物体时保留原始物体 结合…(A):在图形窗口中单击选择要结合的物体 A …和(B):在图形窗口中单击选择要结合的物体 B 新物体将会根据选定物体 A 和 B 之间的区域创建

（6）拉伸表面或曲线建模功能说明如表 2-6 所示。

表 2-6　拉伸表面或曲线建模功能说明

拉伸表面或曲线建模功能	步　骤
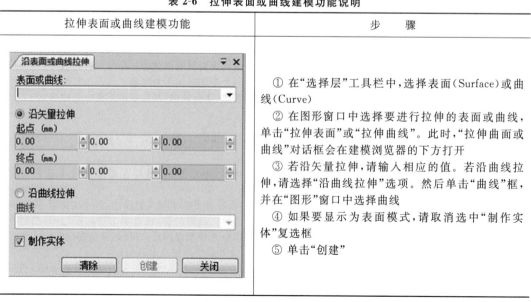	① 在"选择层"工具栏中,选择表面(Surface)或曲线(Curve) ② 在图形窗口中选择要进行拉伸的表面或曲线,单击"拉伸表面"或"拉伸曲线"。此时,"拉伸曲面或曲线"对话框会在建模浏览器的下方打开 ③ 若沿矢量拉伸,请输入相应的值。若沿曲线拉伸,请选择"沿曲线拉伸"选项。然后单击"曲线"框,并在"图形"窗口中选择曲线 ④ 如果要显示为表面模式,请取消选中"制作实体"复选框 ⑤ 单击"创建"

续表

沿表面或曲线拉伸对话框	说　明
表面或曲线	表示要进行拉伸的表面或曲线。要选择表面或曲线,请先在该框中单击,然后在图形窗口中选择曲线或表面
沿矢量拉伸	沿指定矢量进行拉伸
起点	矢量起点
终点	矢量终点
沿曲线拉伸	沿指定曲线进行拉伸
曲线	表示用作搜索路径的曲线 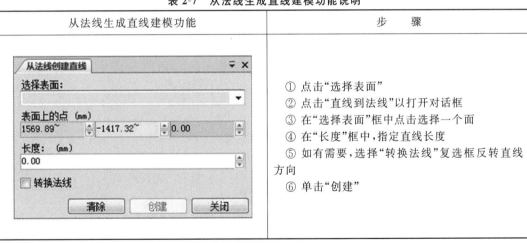 要选择曲线,首先在该框中单击,然后在图形窗口中选择曲线
制作实体	选中此复选框可将拉伸形状转换为固体

（7）从法线生成直线建模功能说明如表 2-7 所示。

表 2-7　从法线生成直线建模功能说明

从法线生成直线建模功能	步　骤
从法线创建直线 选择表面: 表面上的点 (mm) 1569.89~　-1417.32~　0.00 长度: (mm) 0.00 □ 转换法线 [清除]　[创建]　[关闭]	① 点击"选择表面" ② 点击"直线到法线"以打开对话框 ③ 在"选择表面"框中点击选择一个面 ④ 在"长度"框中,指定直线长度 ⑤ 如有需要,选择"转换法线"复选框反转直线方向 ⑥ 单击"创建"

2. 导入几何体

1）导入模型库

操作步骤如下。

（1）导入 ABB 机器人模型库文件。选择"基本"功能选项卡,选择"ABB 模型库",如图 2-18 所示。

（2）导入 ABB 专用设备库。选择"基本"功能选项卡,选择"导入模型库",选择"设备",如图 2-19 所示。

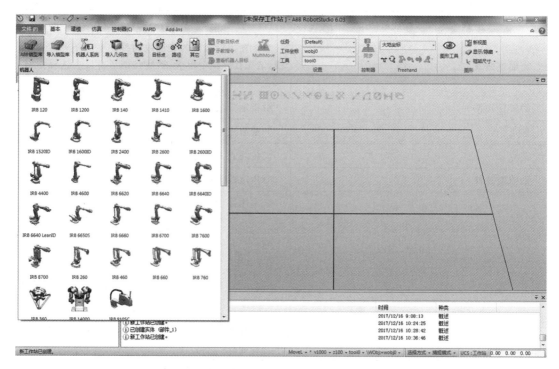

图 2-18

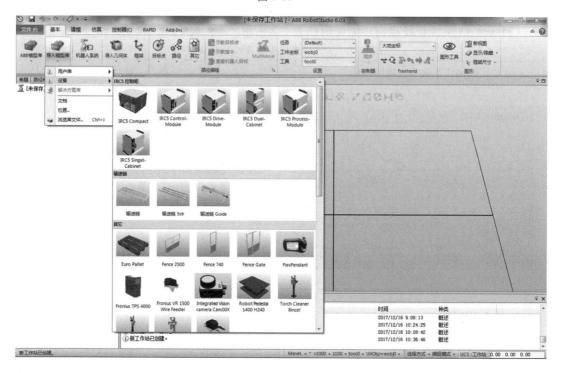

图 2-19

（3）导入用户模型库。选择"基本"功能选项卡，选择"导入模型库"，选择"用户库"，如图 2-20 所示。

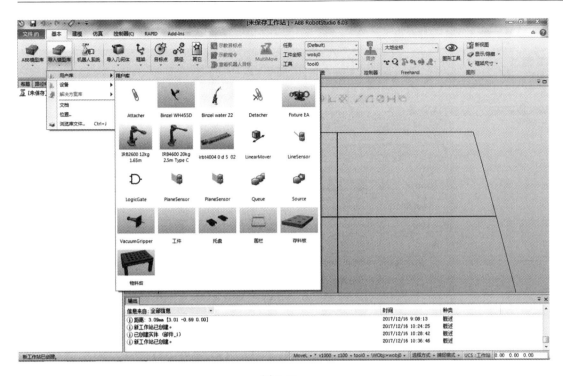

图 2-20

2）导入 SAT 格式的几何体

操作步骤如下。

（1）选择"基本"功能选项卡，选择"导入几何体"，选择"浏览几何体…"，如图 2-21 所示。

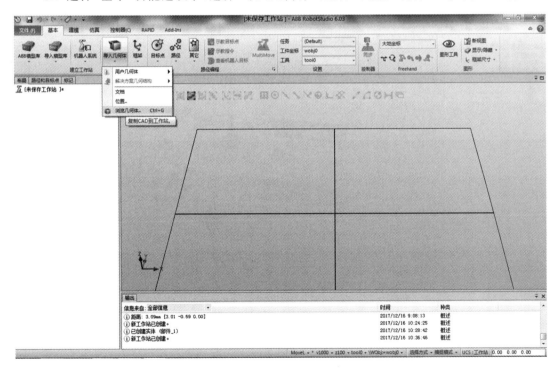

图 2-21

（2）选择预先转成 SAT 格式的文件，如图 2-22、图 2-23 所示。

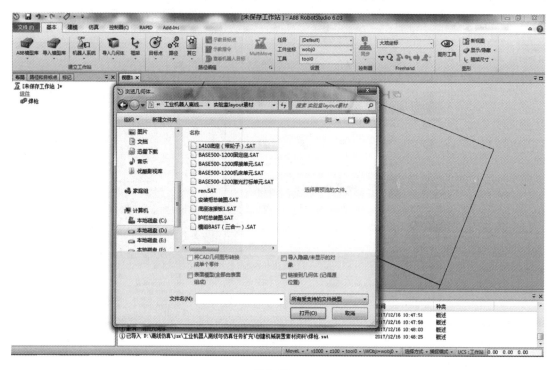

图 2-22

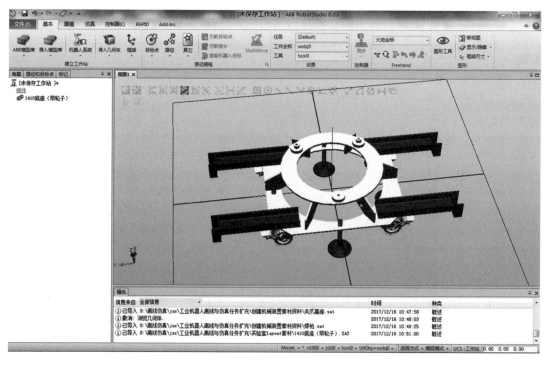

图 2-23

任务 3　加载机器人的工具

1. 系统库文件工具加载

（1）新建一个空工作站。在"基本"功能选项卡中，选择"ABB 模型库"，选择"IRB 1410"导入机器人，如图 2-24 所示。

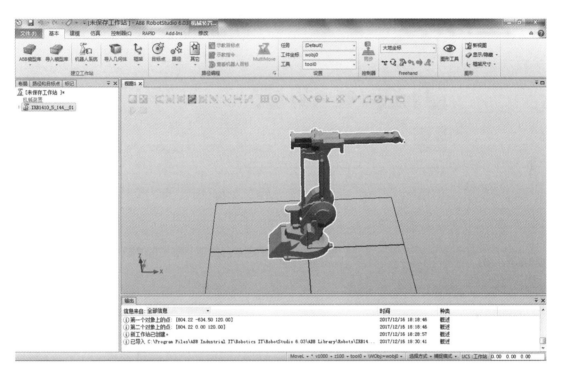

图 2-24

（2）在"基本"功能选项卡中，选择"导入模型库"，选择"设备"，在下拉菜单通过右侧滚条向下拉，选择"myTool"，如图 2-25 所示。

（3）在左侧"布局"窗口中，用鼠标左键选中"MyTool"并按住鼠标左键，向上拖到"IRB1410_5_144_01"后松开鼠标左键。在这里需要更新"MyTool"的位置，选择"是（Y）"，如图2-26所示。

（4）此时，"MyTool"工具已安装到机器人法兰盘了，如图 2-27 所示。

（5）如果想将工具从机器人法兰盘上拆下，则可以选中"MyTool"后单击鼠标右键，选择"拆除"，如图 2-28 所示。在这里同样需要更新"MyTool"的位置，选择"是（Y）"。MyTool工具将回到初始导入位置，如图 2-29 所示。

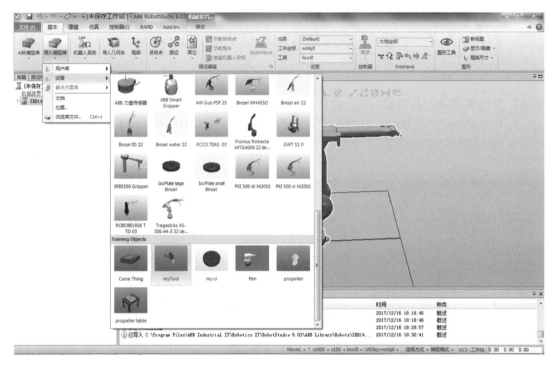

图 2-25

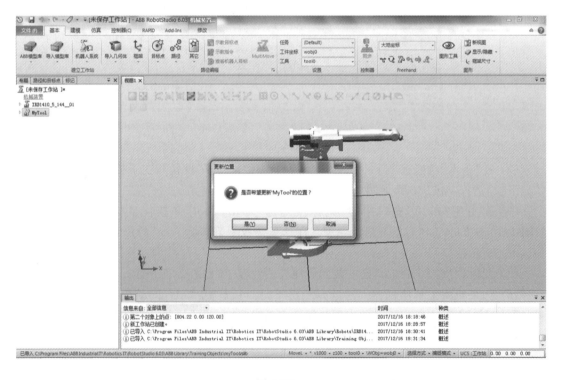

图 2-26

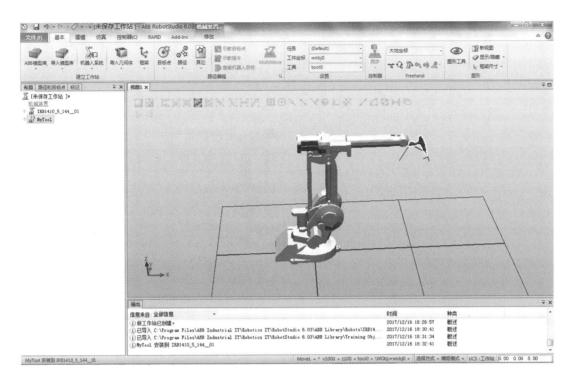

图 2-27

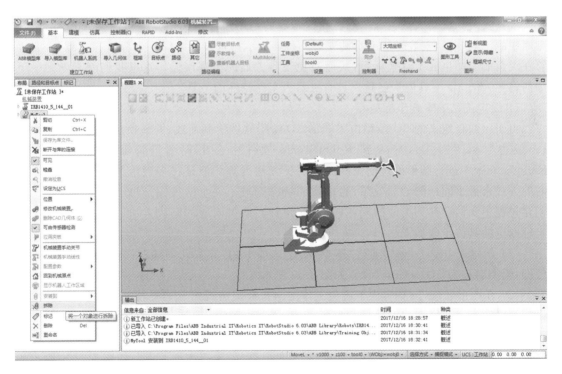

图 2-28

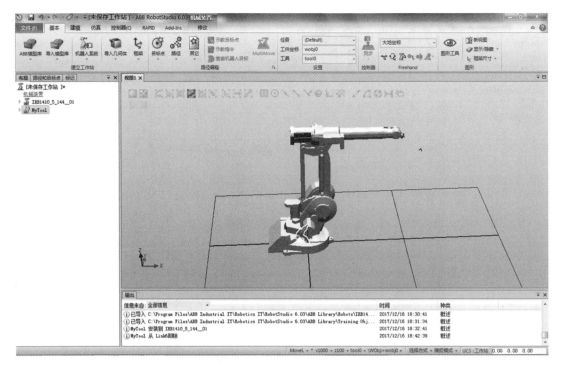

图 2-29

2. 创建机器人用工具

在工业机器人工作站布局时,我们经常会用到用户自定义的工具,这时就要求将用户自定义工具安装到机器人法兰盘末端。我们希望的是用户自定义工具能够像 RobotStudio 模型库中的工具一样,安装时能够自动安装到机器人法兰盘末端并保证坐标方向一致,并且能够在工具的末端生成工具坐标系,从而避免工具方面的仿真误差。这里我们就来学习一下如何将导入的 3D 工具模型创建成具有机器人工作特性的工具。

1) 设定工具的本地坐标原点

由于用户自定义的 3D 模型由不同的 3D 绘图软件绘制而成,并转换成特定的文件格式(一般为".sat"格式),导入到 RobotStudio 软件中会出现图形特征丢失的情况,在 RobotStudio 中进行图形处理时某些关键特征无法处理。但是在多数情况下都可以采用变向的方式来做出同样的处理效果,这里我们特意选取了一个缺失图形特征的工具模型。在创建过程中我们会遇到类似的问题,下面介绍针对此类问题的解决方法。设定工具的本地坐标原点的具体步骤如下。

(1) 新建一个空工作站,通过"基本"功能选项卡的"导入几何体"导入特意选取的工具模型,模型名称为"tGlueGun.sat",如图 2-30 所示。

(2) 在图形处理过程中,为了避免工作地面特征影响视线及捕捉特征点,我们先将地面设定为隐藏。在主视图空白处单击鼠标右键,选择"设置",取消勾选"显示地面"即可,如图 2-31 所示。

(3) 我们观察一下该工具模型。选择"部件",选择"捕捉本地原点",如图 2-32 中所示的小白点即为该模型的本地原点位置。

工具安装原理:工具模型的本地坐标系与机器人法兰盘坐标系 Tool0 重合,且安装之后需符合需求的工具朝向,工具末端的工具坐标系即为机器人用户定义的工具坐标系。而该

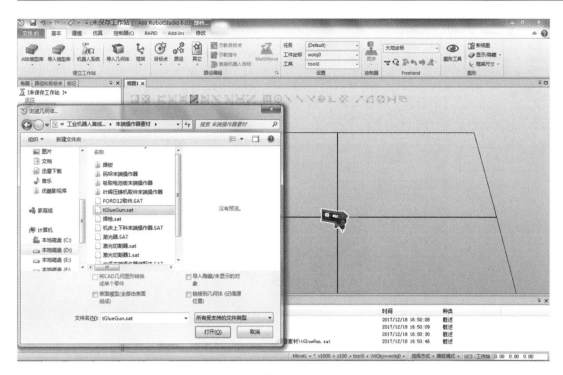

图 2-30

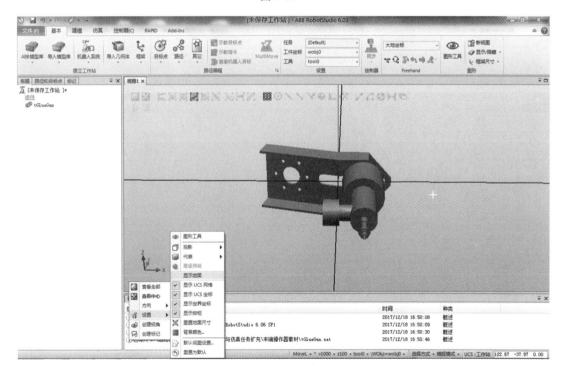

图 2-31

工具模型的本地原点不处于机器人法兰盘中心位置,所以我们需要对数模进行以下两步图形处理:

　　① 在工具的法兰端创建本地坐标系框架;

　　② 在工具末端(工具执行中心点)创建坐标框架。

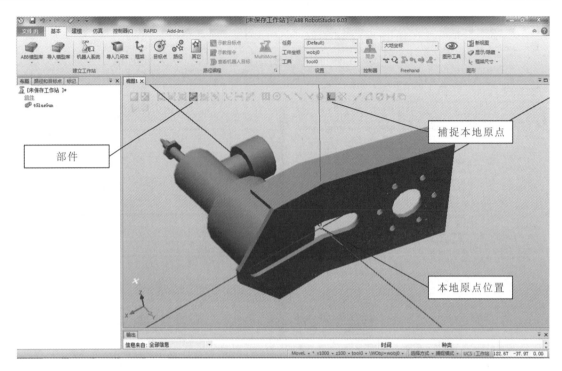

图 2-32

（4）放置工具模型的位置，使其法盘面所在平面与大地坐标系正交，以便于处理坐标系的方向。我们使用三点法来放置工具模型，使工具法兰盘所在平面与工作站的 XY 平面重合。

① 在"布局"窗口中选中"tGlueGun"，单击鼠标右键，选择"位置—放置—三点法"，如图 2-33 所示。

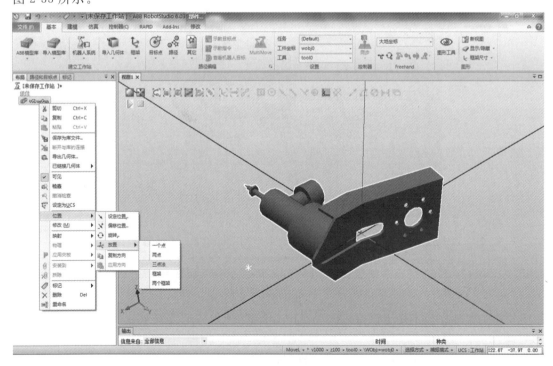

图 2-33

② 选择合适的捕捉工具,在工具模拟型法兰盘安装面上选择作为"主点-从""X轴上的点-从"和"Y轴上的点-从"的三个坐标位置,如图 2-34 所示。将"主点-从"设为(0,0,0),"X轴上的点-从"设为(10,0,0),"Y轴上的点-从"设为(0,10,0),使工具模拟型法兰盘安装面与大地平面重合且符合我们选定的方向,选择"应用",然后选择"关闭"。

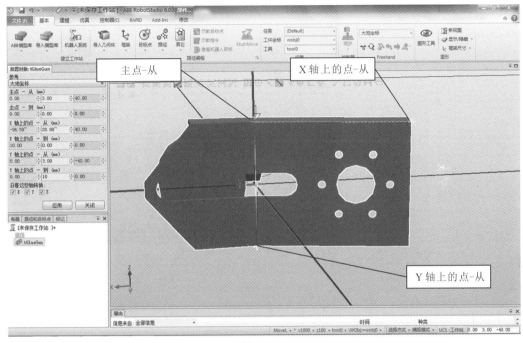

图 2-34

③ 将工具法兰盘圆孔中心作为该模型的本地坐标系的原点。选中"tGlueGun",单击鼠标右键,选择"修改(M)",选择"设定本地原点",如图 2-35 所示。

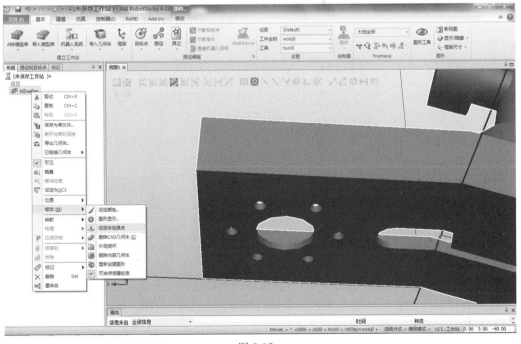

图 2-35

④ 捕捉特征设定为"圆心",捕捉到工具模型法兰盘安装面的圆心,如图 2-36 所示。

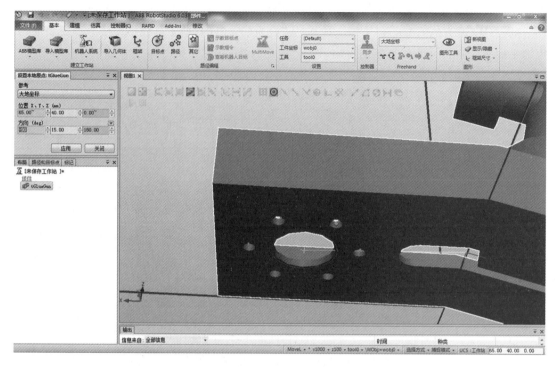

图 2-36

⑤ 如图 2-37 所示,将"方向"所有数据设定为 0,即保持与大地坐标系同方向,然后单击"应用"。此时,我们可观察到已经将本地坐标系原点移动到工具模型法兰盘安装面的圆心,且坐标系方向与大地坐标系同向,如图 2-38 所示。

图 2-37

⑥ 选中"tGlueGun",单击鼠标右键,选中"位置—设定位置",如图 2-39 所示。

⑦ 将"位置 X、Y、Z"框中的所有数值设定为 0,即把工具模型移动到工作站大地坐标系的原点处,选择"应用",然后选择"关闭",如图 2-40 所示。

如图 2-41 所示,从 ABB 模型库中导入机器人 IRB2600,尝试安装该用户工具模型,验证法兰盘安装位置和安装到机器人法兰盘末端时工具姿态是否正确。如果正确,那么该工具模型的本地坐标系的原点以及坐标系方向就全部设定完成;如果不正确,就需要拆下该工具,继续调整本地坐标系方向。

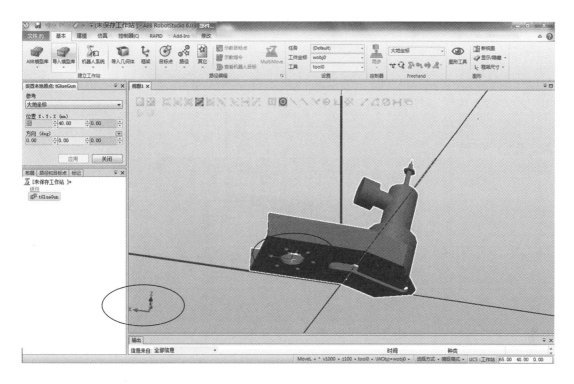

图 2-38

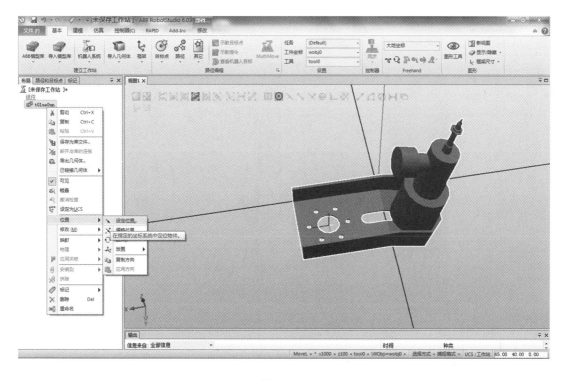

图 2-39

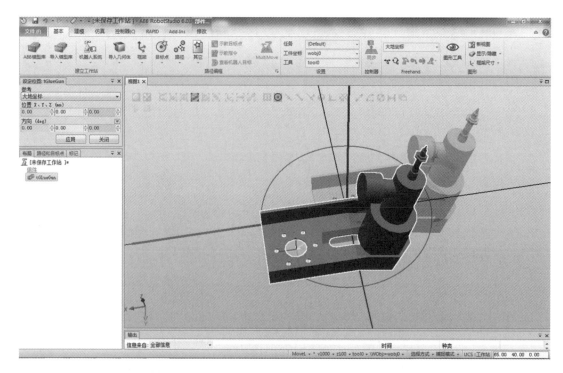

图 2-40

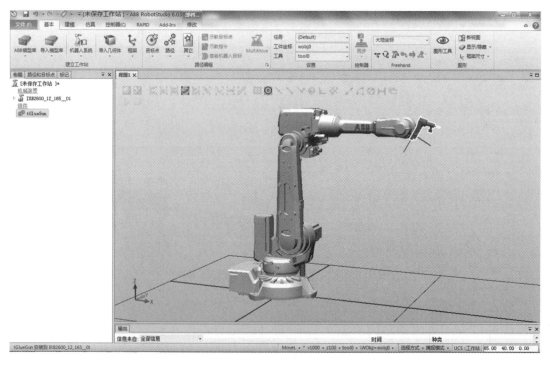

图 2-41

对于其他用户自定义工具,如果本地坐标系的方向仍需进一步设定,则需保证当安装到机器人法兰盘末端时其工具姿态是我们所想要的。关于设定本地坐标系的方向,在大多数情况下可参考如下设定经验:

① 工具的法兰表面与大地水平面重合；

② 工具的末端位于大地坐标系 X 轴负方向；

③ 工具本地坐标系与大地坐标系方向相同。

2）创建辅助坐标框架

将用户自定义工具正确安装到机器人法兰盘之后,我们需要继续定义工具坐标系。首先,拆下安装好的用户工具,恢复原位置,然后需要在如图 2-42 所示的虚线框位置创建一个辅助坐标框架。在之后的操作中,将此框架作为工具坐标系框架创建出工具坐标系,最后再删除辅助坐标框架即可。

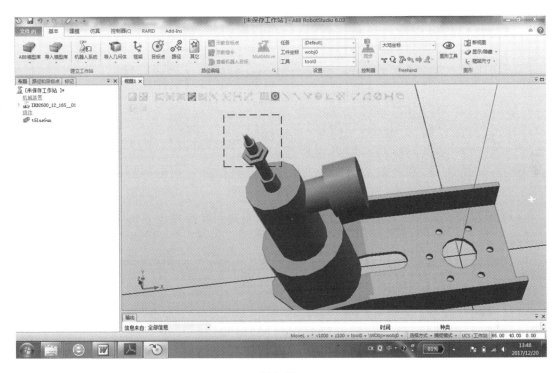

图 2-42

（1）在"基本"功能选项卡中单击"框架"下拉菜单的"创建框架",捕捉用户工具末端面圆心作为辅助坐标框架的原点,选择"创建",如图 2-43 所示。

框架各项设置如表 2-8 所示。

表 2-8 框架各项设置

框架设置	说　　明
参考	选择要与所有位置或点关联的参考（reference）坐标系
框架位置	单击这些框之一,然后在图形窗口中单击相应的框架位置,将这些值传送至框架位置框
框架方向	指定框架方向的坐标
设定为 UCS	选中此复选框可将创建的框架设置为用户坐标系

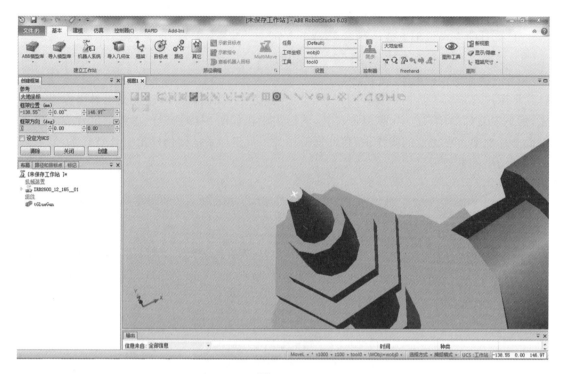

图 2-43

（2）生成的框架如图 2-44 所示，此时我们可以观察到框架的 Z 方向与工具末端面成一定角度。

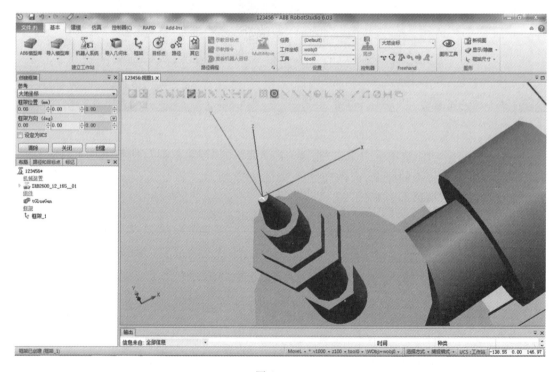

图 2-44

（3）接着设定坐标系的方向，一般希望坐标系的 Z 轴与工具末端面垂直。选中"框架_1"，单击鼠标右键,选择"设定为表面的法线方向",如图 2-45 所示。

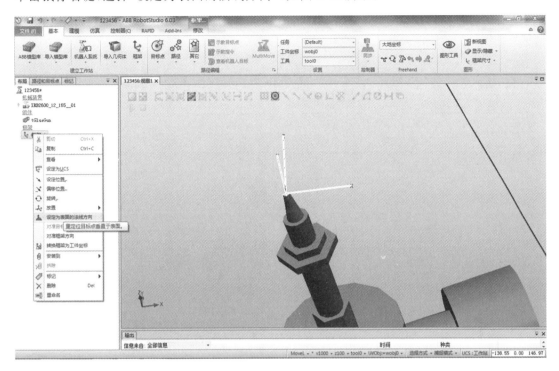

图 2-45

（4）由于该工具的末端表面丢失,因此捕捉不到,但是可以选择如图 2-46 所示的表面,因为此表面与捕捉的末端面平行。选择"表面"捕捉此面,设定"接近方向"为"Z",单击"应用"。

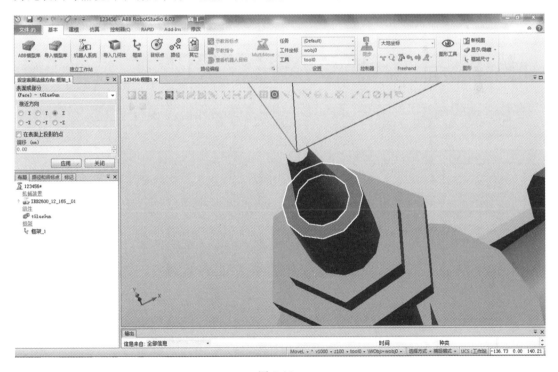

图 2-46

（5）这样就完成了该框架 Z 轴方向的设定，至于 X 轴和 Y 轴的方向，一般按照经验设定，只要保证前面设定的模型本地坐标系是正确的，X 轴、Y 轴采用默认的方向即可。创建的框架如图 2-47 所示。

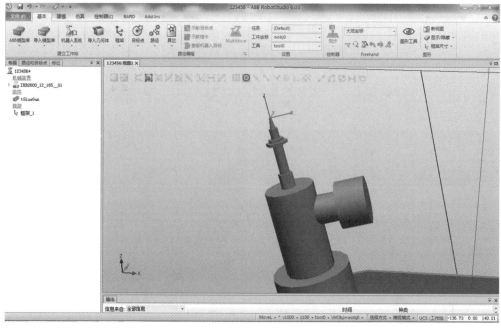

图 2-47

（6）在实际应用过程中，工具坐标系的原点一般与工具的末端有一段距离，例如焊枪中焊丝伸出的距离，或者激光切割焊枪、涂胶枪需要与加工面保持的一定距离。只需将此框架沿其本身的 Z 轴正方向移动一定距离就能满足实际需求。选中"框架_1"，单击鼠标右键，单击"偏移位置"，如图 2-48 所示。

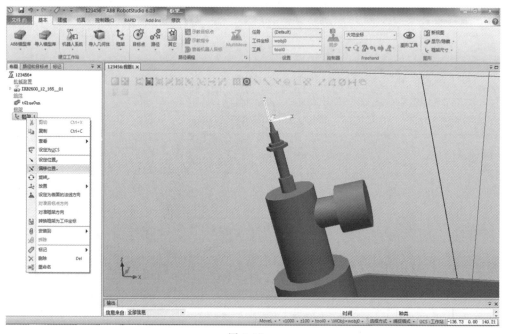

图 2-48

（7）"参考"选择"本地"，偏移距离设为 5 mm，单击"应用"，如图 2-49 所示。

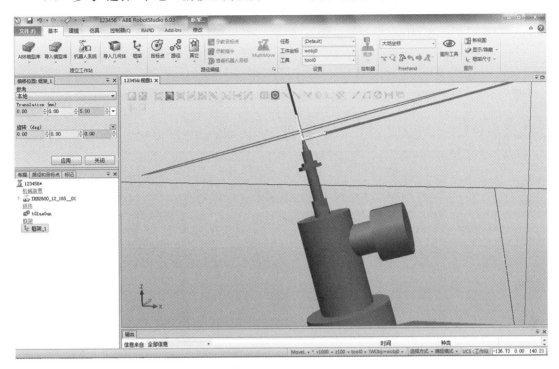

图 2-49

（8）设定完成之后，如图 2-50 所示，这样就完成了该框架的设定，且框架沿 Z 方向向外偏移了 5 mm。

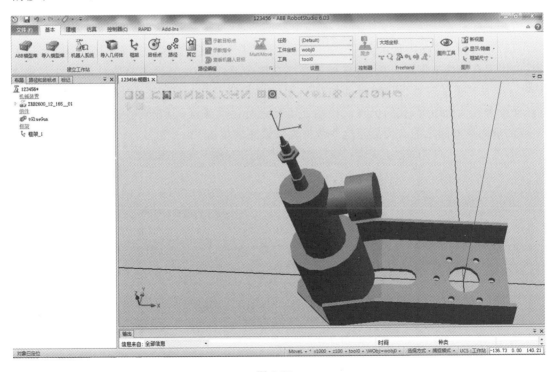

图 2-50

3）创建工具及工具坐标系

在用户工具末端创建出符合要求的辅助坐标框架之后，我们利用此框架作为工具坐标系框架创建出工具及工具坐标系。操作步骤如下。

（1）使用创建工具向导创建机器人握住的工具。在"建模"功能选项卡中单击"创建工具"，弹出"创建工具"对话框，如图 2-51 所示。

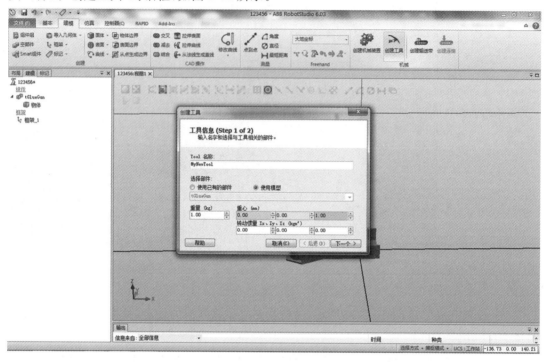

图 2-51

（2）在"Tool 名称"下方输入"tGlueGun"，选取"使用已有的部件"，如图 2-52 所示。注意：使用现有部件来创建工具，所选部件必须是单个部件，不能选择带有附件的部件。继续输入工具的"重量""重心"和"转动惯量"（如果这些值已知）。注意：如果不知道这些参数值，保持为默认值即可，我们仍可以使用此工具进行运动编程，但在真实机器人上运行此程序或测量周期时间之前必须更正这些数据。设置完后单击"下一个"。

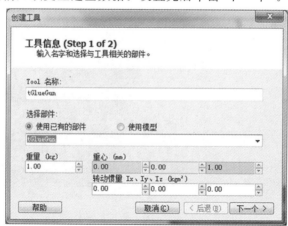

图 2-52

（3）在"TCP 名称"下方框内，输入工具中心点（TCP）的名称。注意默认名称与工具名称相同，如图 2-53 所示。如果为一个工具创建了多个 TCP，每个 TCP 必须使用唯一的名称。在"数值来自目标点/框架"下拉菜单中选取创建的"框架_1"。单击右箭头">"将值传送至 TCP 框。如果工具有多个 TCP，请对每个 TCP 重复执行此操作。

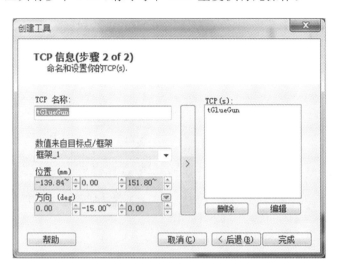

图 2-53

（4）单击"完成"，工具随即被创建，并显示在布局浏览器和图形窗口中，如图 2-54 所示。

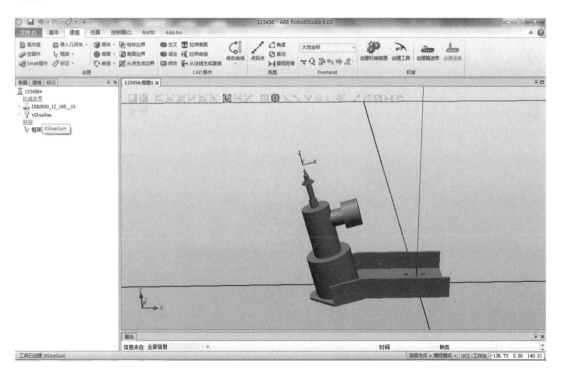

图 2-54

（5）接下来，把之前所创建的辅助框架"框架_1"删除，如图 2-55 所示。

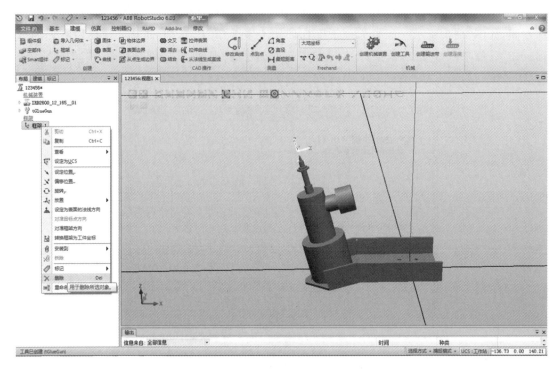

图 2-55

（6）我们可以观察到"tGlueGun"已变成工具图标，同时，在工具末端已生成工具坐标系，如图 2-56 所示。

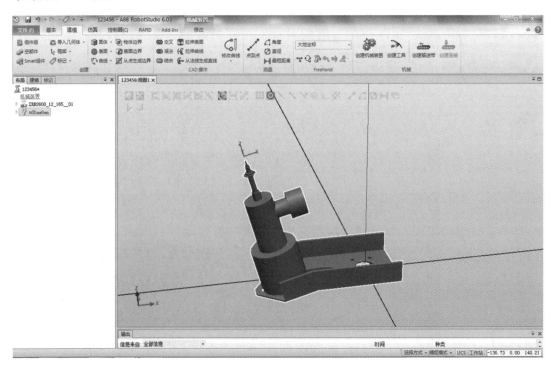

图 2-56

（7）接下来将工具安装到机器人末端，来验证创建的工具是否能够满足需要。选中机器人"IRB2600_12_165_01",单击鼠标右键,选择"可见",如图 2-57 所示。

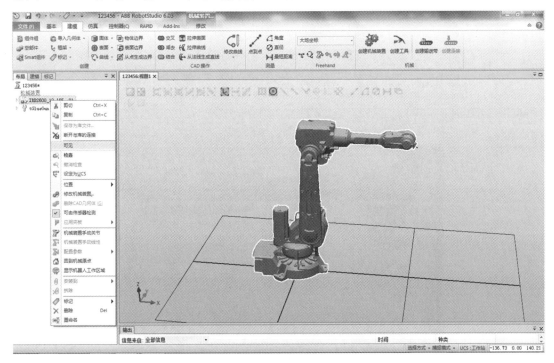

图 2-57

（8）用鼠标左键选中工具"tGlueGun",点住不松开,将其拖放到机器人"IRB2600_12_165_01"处,弹出"更新位置"对话框时松开左键,选择"是（Y）"更新 tGlueGun 的位置,如图 2-58 所示。

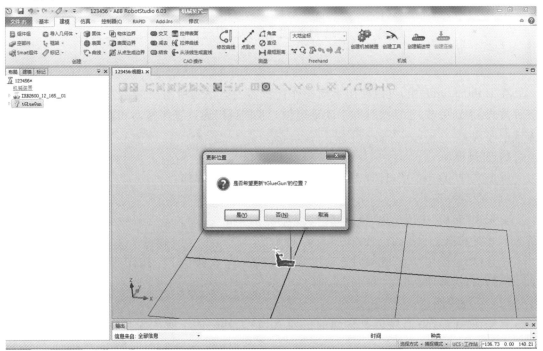

图 2-58

（9）由图 2-59 我们可以确认该工具已经正确安装到机器人法兰盘上，安装的位置和姿态也是我们预期的，至此完成了工具的创建。

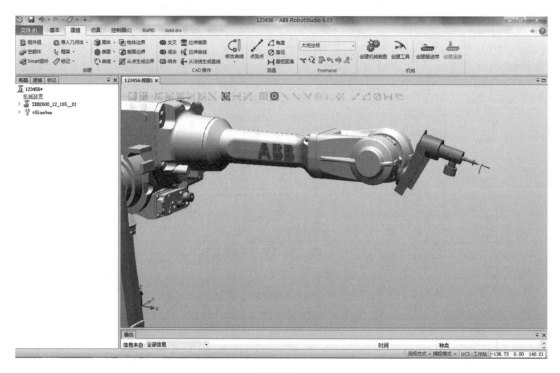

图 2-59

任务 4 工业机器人的手动操作

在 RobotStudio 中，可以使用手动操作让机器人运动到所需要的位置。手动操作共有三种方式：手动关节、手动线性和手动重定位。我们可以通过直接拖动和精确手动两种控制方式来实现。

1）直接拖动

解压文件"Task2-1"，打开工作站，然后按照以下提示操作。

（1）手动关节。

首先在"布局"中选择想要移动的机器人，然后单击"手动关节"，最后单击选择想要移动的关节并将其拖至所需的位置，如图 2-60 所示。

注意：如果按住"Alt"键同时拖动机器人，机器人每次移动 10°；按住"F"键同时拖动机器人，机器人每次移动 0.1°。

（2）手动线性。

首先在"布局"中选择想要移动的机器人，将工具栏的工具项设定为"MyTool"，如图 2-61所示。

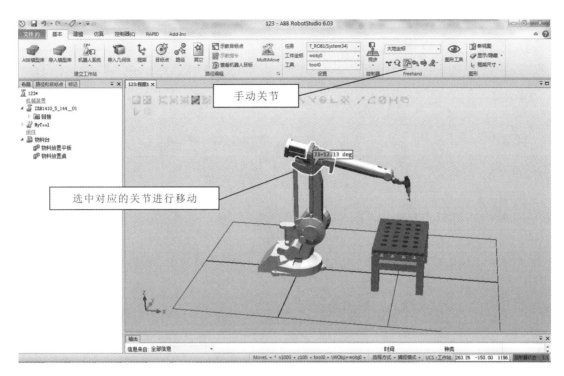

图 2-60

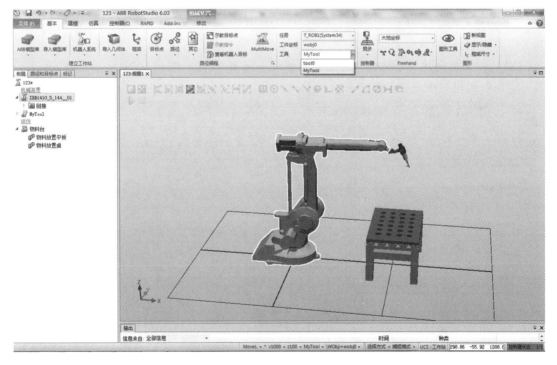

图 2-61

　　然后选择"手动线性",一个坐标系将显示在机器人 TCP 处,如图 2-62 所示。最后单击选择想要移动的关节,并将机器人 TCP 拖至首选位置。如果按住"F"键同时拖动机器人,机器人将以较小步幅移动。

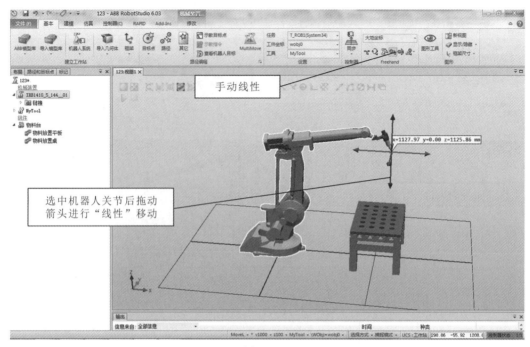

图 2-62

（3）手动重定位。

首先在"布局"中选择想要移动的机器人，将工具栏的工具项设定为"MyTool"。然后选择"手动重定位"，TCP 周围将显示一个定位环，如图 2-63 所示。单击该定位环，然后拖动机器人以将 TCP 旋转至所需的位置。

X、Y 和 Z 方向均显示单位。对不同的参考坐标系（大地、本地、UCS、活动工件、活动工具），定向行为也有所差异。

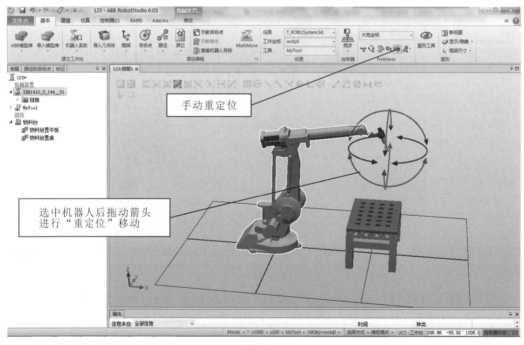

图 2-63

2）精确手动

（1）机械装置手动关节。

首先将工具栏的工具项设定为"MyTool"，然后选中"IRB1410_5_144_01"，单击鼠标右键，在菜单列表中选择"机械装置手动关节"，如图 2-64 所示。

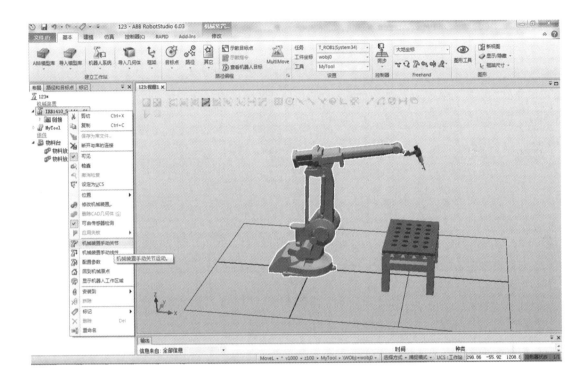

图 2-64

"手动关节运动"窗口中的每一行表示机器人的一个关节。可单击并拖放每行的方块调节机器人关节，也可使用每行右侧的箭头完成。在"Step"（步长）框中输入每次单击每个关节行右侧箭头时关节移动的长度。我们还可以输入相应的值，直接设定关节轴旋转角度，如图 2-65 所示，我们设定第五轴旋转 45°。

（2）机械装置手动线性。

首先将工具栏的工具项设定为"MyTool"，然后选中"IRB1410_5_144_01"，单击鼠标右键，在菜单列表中选择"机械装置手动线性"，如图 2-66 所示。

如图 2-67 所示，"手动线性运动"窗口中的每一行表示 TCP 的方向和旋转角度。沿最佳方向或旋转角度微动控制 TCP，可通过单击并拖放每行的方块完成，也可使用每行右侧的箭头完成。在参考坐标系列表中，可以选择要相对于哪个坐标系来对机器人进行微动控制。在"Step"（步长）框中，选择每次步进的长度或角度。

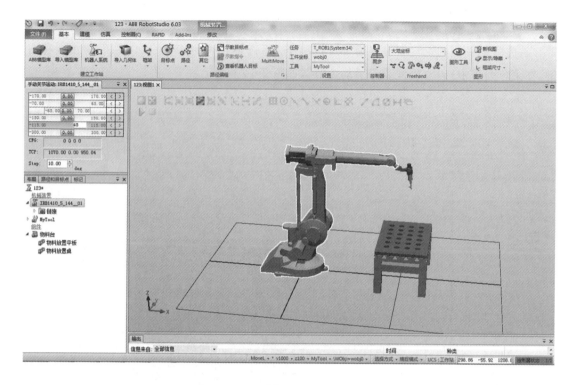

图 2-65

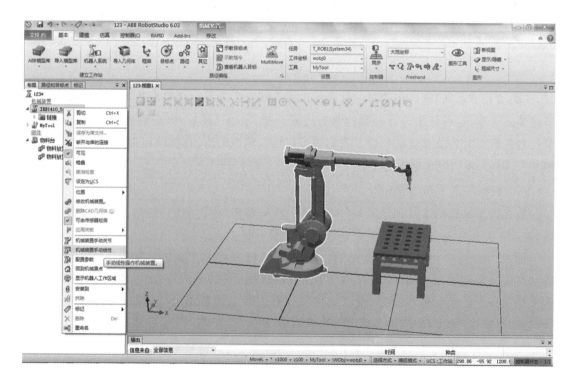

图 2-66

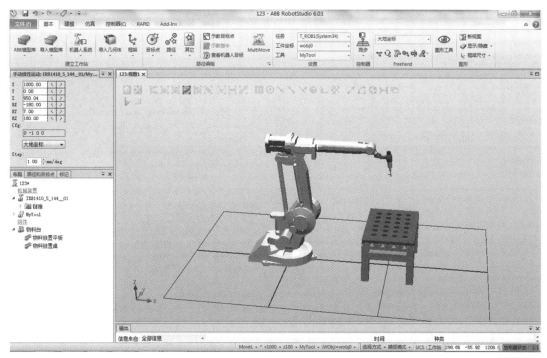

图 2-67

任务 5　创建机械装置

在工作站中为了有更好的表达效果,会为机器人周边的模型,如传送带、夹具和滑台等制作动画效果。本任务以创建数控机床门的动画效果为例进行说明。

1. 创建机械装置的流程

创建机械装置的关键在于构建树形结构中的主要节点。四个主要节点分别是链接、关节(接点)、框架/工具数据、校准,它们最初标为红色。每个节点都配置有足够的子节点,节点有效时,标记变成绿色。一旦所有节点都变得有效,即可将机械装置视作可以进行编译,因此,可以进行创建。主要节点及其有效性标准参见表 2-9。

表 2-9　主要节点及其有效性标准

节　　点	有效性标准
链接	① 包含多个子节点 ② BaseLink 已设置 ③ 所有的链接部件都仍在工作站内
关节(接点)	必须至少有一个关节处于活动状态且有效
框架/工具数据	① 至少存在一个框架/工具数据 ② 设备不需要框架
校准	① 对于机器人,只需一项校准 ② 对于外轴,每个关节需要一项校准 ③ 对于工具或设备,接受校准,但不必须

解压文件"Task 2-2",然后进行后续操作。

（1）观察发现机床的上半身摆放位置位于地面以下,如图 2-68 所示。我们首先需应用旋转和放置功能实现机床的摆放。

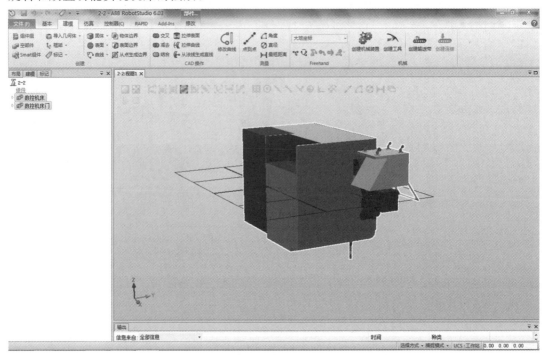

图 2-68

（2）按住"Ctrl"键同时选择"数控机床"和"数控机床门"两个部件,然后单击鼠标右键,在弹出的菜单列表中选择"位置—旋转",如图 2-69 所示。

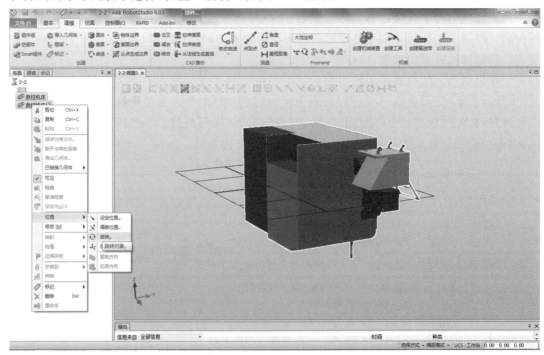

图 2-69

（3）在"旋转"窗口中："参考"选择"本地"，旋转角度输入"180"，旋转轴选择"X"，单击"应用"。旋转后的效果如图 2-70 所示。

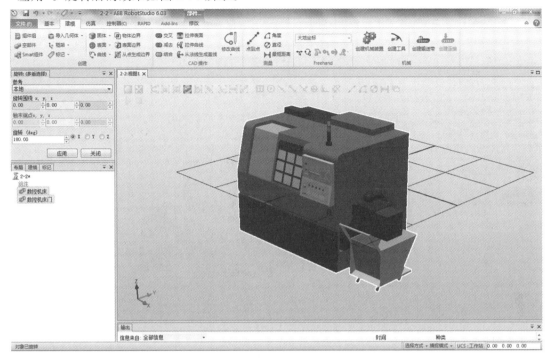

图 2-70

（4）单击鼠标右键，在弹出的菜单列表中选择"位置—放置——一个点"（因为数控机床模型的底面和地面是平行的），如图 2-71 所示。

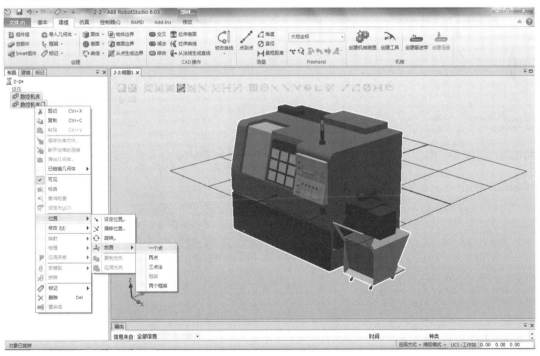

图 2-71

（5）选择"捕捉末端"模式,选择数控机床的一个脚点为"主点-从","主点-到"的坐标值设为(0,0,0),如图 2-72 所示。

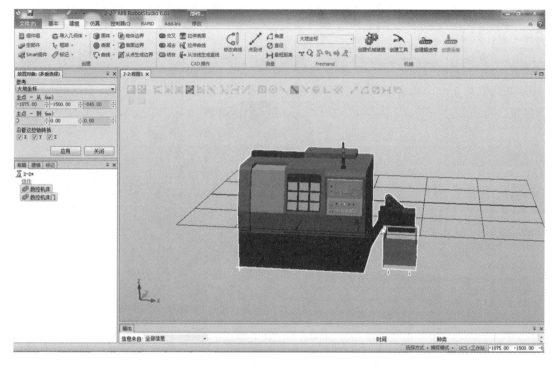

图 2-72

（6）单击"应用"后,数控机床模型被正确放置于地面上,如图 2-73 所示。

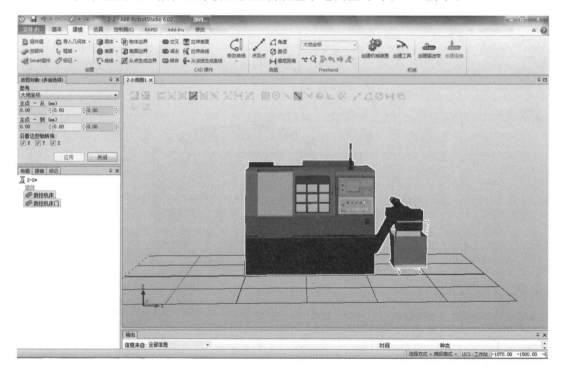

图 2-73

（7）下面我们开始利用放置正确的数控机床模型创建机械装置。

① 在"建模"功能选项卡中单击"创建机械装置"，如图 2-74 所示。

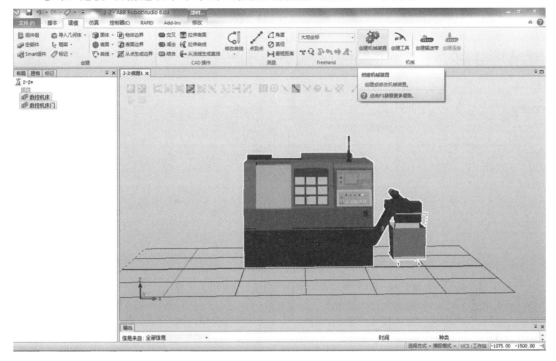

图 2-74

② 在"机械装置模型名称"中输入"数控机床门装置"，在"机械装置类型"中选择"设备"，如图 2-75 所示。

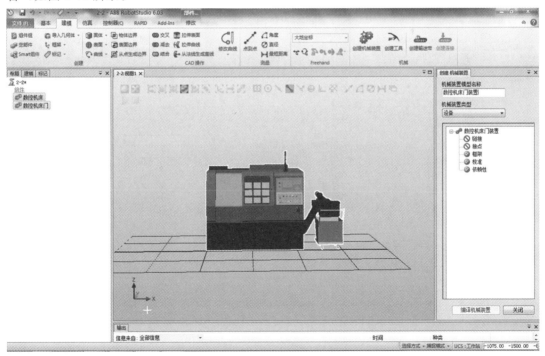

图 2-75

（8）下面开始修改链接和接点。

① 双击"链接"进入设置，如图 2-76 所示，"链接名称"选择默认，"所选部件"选择"数控机床"，并点击右侧箭头添加至右侧选择框内，同时勾选"设置为 BaseLink"，单击"应用"。

② 将"链接名称"更改为"L2"，"所选部件"选择"数控机床门"，并点击右侧箭头添加至右侧选择框内，取消勾选"设置为 BaseLink"，单击"确定"，如图 2-77 所示。

图 2-76 图 2-77

③ 我们可以在右侧树形结构中观察到此时"链接"已经显示为绿色，表示"链接"已被正确设置完成，如图 2-78 所示。

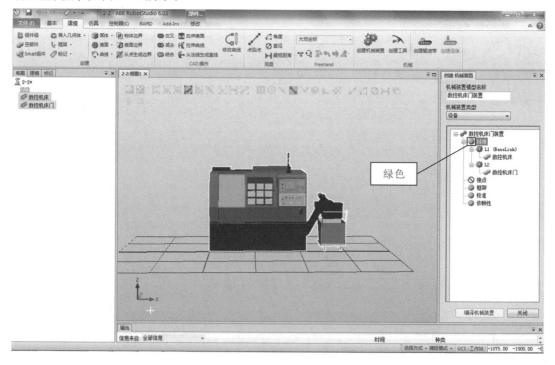

图 2-78

④ 双击"接点"进入设置，如图 2-79 所示。"关节名称"保持默认，"关节类型"选择"往复

的”,"父链接"和"子链接"保持默认,在"关节轴"中"第一个位置"和"第二个位置"分别选中数控机床门的两个角点,同时在"关节限值"中将"最小限值"设为"－580"(测量开门的位置),将"最大限值"设为"0"。

图 2-79

⑤ 单击"确定"后,我们可以在右侧树形结构中观察到此时"接点"已经显示为绿色,表示"接点"已被正确设置完成,如图 2-80 所示。

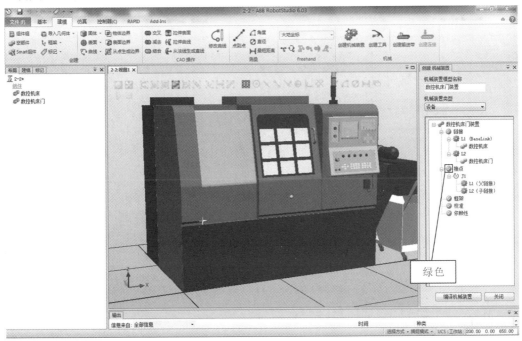

图 2-80

⑥ 当"链接""接点""框架""校准""依赖性"都是绿色打钩状态时,如图 2-81 所示,可以编译机械装置。

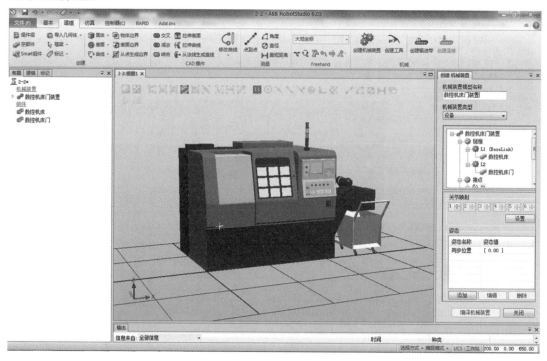

图 2-81

(9)单击"添加",添加机床关门位置数据。设定机床关门位置数据为"0",单击"应用",如图 2-82 所示。

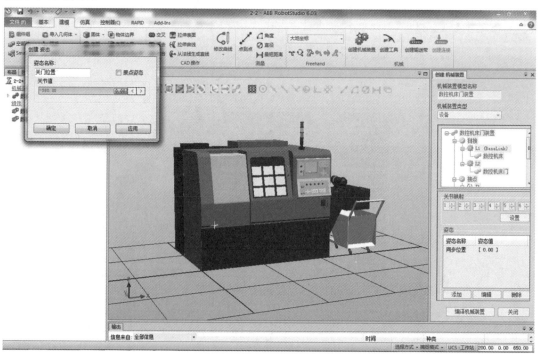

图 2-82

（10）单击"添加"，添加机床开门位置数据。设定机床开门位置数据为"582"（双击滑块设定），单击"确定"，如图 2-83 所示。

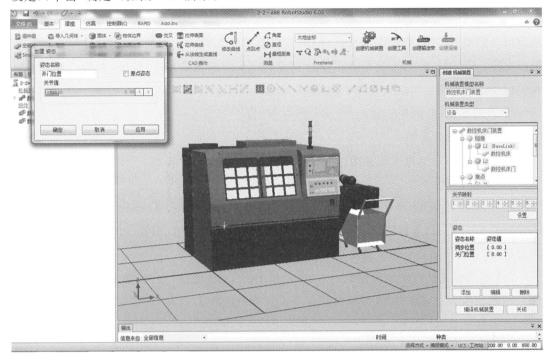

图 2-83

（11）单击"关闭"完成机械装置创建，在"Feedhand"中选择"手动关节"，用鼠标拖动数控机床门就可以实现开关门了，如图 2-84 所示。

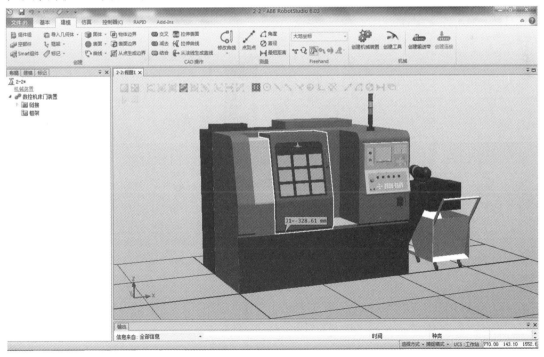

图 2-84

2. 建立工作站信号

1) 建立工作站信号

使用配置编辑器,可以查看或编辑控制器特定主题的系统参数。实例编辑器附加的编辑器可供编辑类型、实例的详细信息(配置编辑器中的实例列表中的每一行)。配置编辑器可以和控制器直接通信,也就是说在修改完成后可以即刻将结果应用到控制器。使用配置编辑器及实例编辑器可以实现以下功能:

① 查看类型、实例和参数;

② 编辑实例和参数;

③ 在主题内复制和粘贴实例;

④ 添加或删除实例。

配置编辑器可以对 Communication(连接)、Controller、I/O System、Man-machine communication(人机连接)、Motion(动作)、添加信号等内容进行设置。以 RobotWare6.03 版为例,建立工作站信号的步骤如下。

(1) 利用前述从布局创建系统的方法,采用 IRB 1410 创建一个机器人系统,在"控制器(C)"功能选项卡中单击"配置编辑器",在下拉菜单中选择"I/O System",如图 2-85 所示。

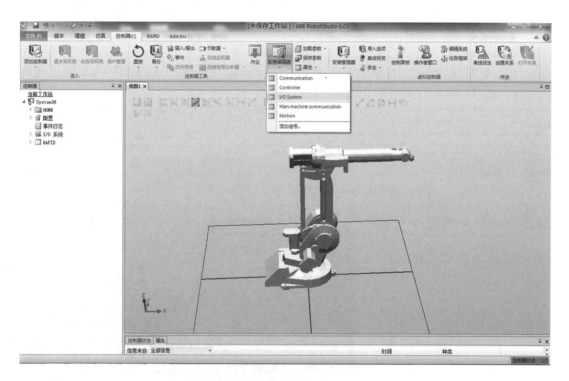

图 2-85

(2) 在建立工作站信号之前必须先创建 I/O 板,选中"类型"下的"DeviceNet Device",单击鼠标右键,新建"DeviceNet Device",如图 2-86 所示。

(3) "使用来自模版的值"选择 I/O 板类型为"DSQC 652 24 VDC I/O Device",I/O 板名字设为"board10",I/O 板地址设为"10",如图 2-87 所示,然后单击"确定"。

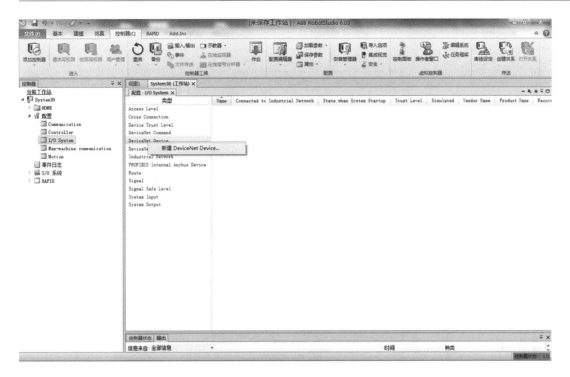

图 2-86

图 2-87

（4）注意创建新 I/O 板后需要重启控制器才可生效，这里我们先选择"确定"，如图 2-88 所示。

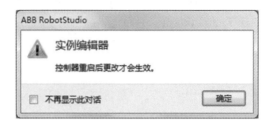

图 2-88

（5）选中"类型"下的"Signal"，单击鼠标右键，选择"新建 Signal…"，如图 2-89 所示。

图 2-89

（6）接下来创建一个数字量输入信号 Di1。信号名字为"Di1"，信号的类型选择"Digital Input"，信号的从属 I/O 板选择"board10"，信号在所从属 I/O 板的地址设为"0"，如图 2-90 所示，然后单击"确定"。

（7）确认在"Signal"下级目录中，存在"Di1"这个新建的输入信号，然后在"控制器（C）"功能选项卡中单击"重启"，选择"重启动（热启动）"，如图 2-91 所示。之后前面建立的 I/O 板和 I/O 信号才会生效。

2）工作站信号监控操作

在"当前工作站"目录下的"I/O"菜单中可以监控系统中存在的总线。总线类型有 DeviceNet、Local、Profibus_FA 等。用户可以根据监控的不同需求选择监控总线下的用户信号和系统信号。

图 2-90

图 2-91

选择"DeviceNet"总线,双击用户建立的 I/O 板"board10",选中"Di1",单击鼠标右键,可以对此信号进行设置,如图 2-92 所示。

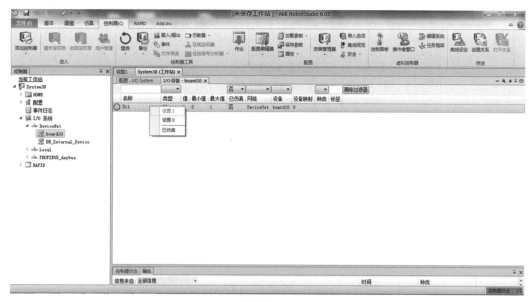

图 2-92

任务6 建立工业机器人坐标系

1. 创建工件坐标系

具体操作步骤如下。

（1）打开任务包"Task 2-3"，如图 2-93 所示。

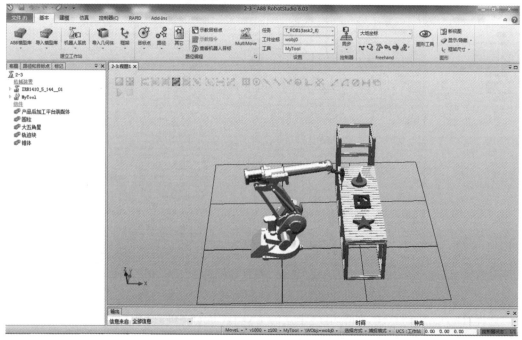

图 2-93

（2）在"基本"功能选项卡中，单击"其它"，然后单击"创建工件坐标"，如图 2-94 所示。

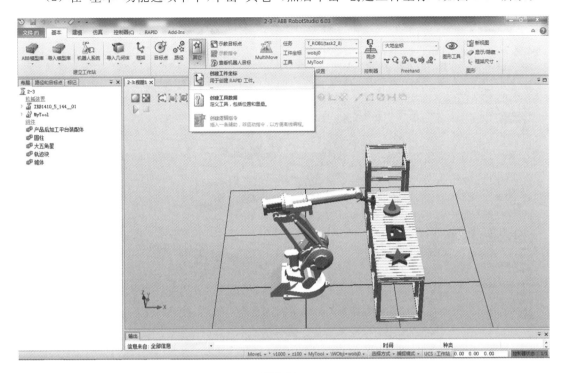

图 2-94

（3）单击选择"表面"，单击"捕捉末端"选择合适的捕捉方法。设定工件坐标系名称为"Wobj1"，单击"用户坐标框架"目录下"取点创建框架"的下拉箭头，如图 2-95 所示。

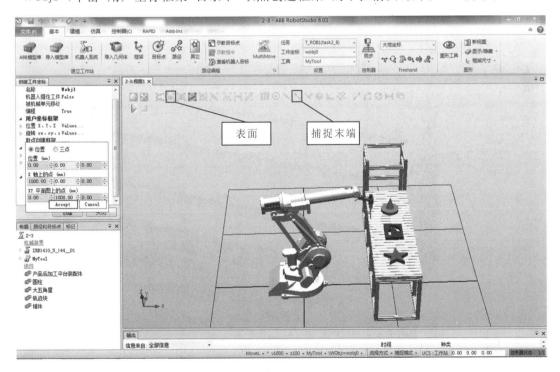

图 2-95

（4）这里，我们用三点法创建用户框架，选中"三点"。选中 A 点为 X 轴上第一点，选中 B 点为 X 轴上第二点，选中 C 点为 Y 轴上的点，如图 2-96 所示。单击"Accept"，再单击"创建"。

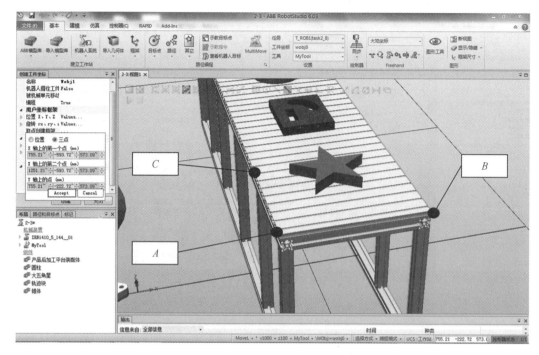

图 2-96

（5）如图 2-97 所示，工件坐标系在工作台面角点处生成，方向与大地坐标系同向。同时，在"路径和目标点"窗口中的"工件坐标 & 目标点"下可以看到生成了工件坐标系"Wobj1"。

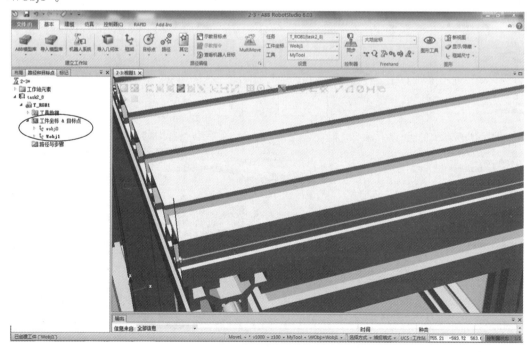

图 2-97

2. 创建工具数据

在"布局"窗口中,确保要创建工具数据的机器人已设置为活动任务。在"基本"功能选项卡中,单击"其它",然后单击"创建工具数据"打开"创建工具数据"对话框,如图 2-98 所示。其创建步骤如下。

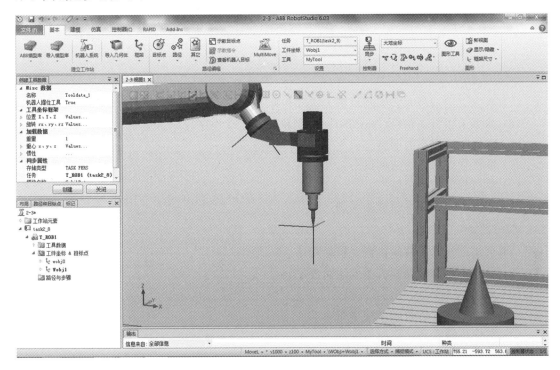

图 2-98

（1）在"Misc 数据"目录下:输入工具"名称";在"机器人握住工具"右侧选择工具是否由机器人握住。

（2）在"工具坐标框架"目录下:定义工具"位置 X、Y、Z";定义工具"旋转 rx、ry、rz"。

（3）在"加载数据"目录下:输入工具"重量""重心 x、y、z""惯性"。

（4）在"同步属性"目录下:在"存储类型"右侧选择"PERS"或"TASK PERS"（若想在 MultiMove 模式下使用该工具数据,则选择"TASK PERS"）;在"模块名称"右侧选择要声明工具数据的模块。

（5）单击"创建"。

思考与实训

（1）简述在 RobotStudio 软件中创建工作站的方法。

（2）简述导入几何体后要使其放置在地面的操作步骤。

（3）简述工具在安装到机器人之前的摆放位置的特点、本地原点的位置、本地坐标系的方向,以及如何在一个工具上创建两个工具坐标系。

项目3 工业机器人运动程序的编制

学习目标

（1）掌握采用示教方式编制机器人运动程序。

（2）掌握采用自动路径（AutoPath）编制机器人运动程序。

（3）掌握工具姿态的调整。

（4）掌握程序的完善与调试。

（5）掌握程序的碰撞监控。

（6）掌握程序的仿真与视频录制。

知识要点

（1）采用示教方式编制机器人运动程序。

（2）采用自动路径编制机器人运动程序。

（3）调整工具姿态。

（4）完善与调试机器人运动程序。

（5）监控机器人运动程序的碰撞。

（6）仿真与录制机器人运动程序。

训练项目

（1）采用示教方式创建工业机器人运动轨迹。

（2）采用自动路径创建工业机器人运动轨迹。

（3）机器人运动程序的仿真及辅助工具。

任务1 采用示教方式创建工业机器人运动轨迹

图 3-1

在 RobotStudio 软件中，可通过指定点并记录该点的位置信息来完成机器人运动轨迹的创建，这种方式类似于实际应用中工业机器人在线示教编程方式。本任务主要介绍如何采用示教方式来创建工业机器人的运动轨迹，使机器人沿着工件的边走一圈，如图 3-1 所示，完成程序的编制，并仿真运行，生成视频文件。

采用示教方式来创建机器人运动轨迹之前，必须创建好工作站，生成系统，然后在此基础上开始任务。

1. 工件坐标系的创建

以"三点法"为例来进行工件坐标系的创建,如图 3-2 至图 3-4 所示。

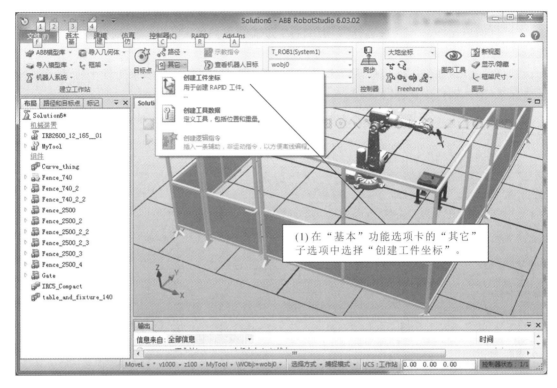

图 3-2

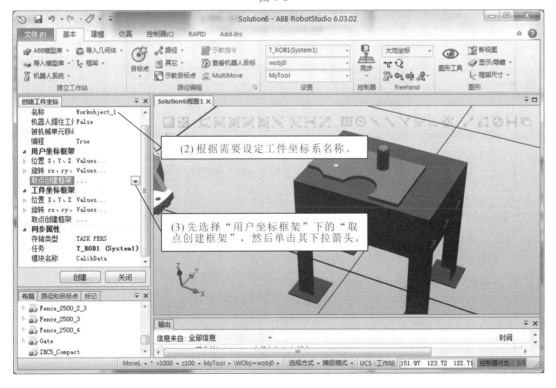

图 3-3

对"创建工件坐标"对话框下各子选项的说明如下。

"机器人握住工件"选项：表明机器人是否握住工件。如果选择"True"，机器人将握住工件。

"被机械单元移动"选项：选择移动工件的机械单元。只有在"编程"被设为"False"时，此选项可用。

"编程"选项：如果工件坐标系用作固定坐标系，请选择"True"；如果工件坐标系用作移动坐标系（即外轴），则选择"False"。

"位置 X、Y、Z"与"旋转 rx、ry、rz"选项：通过直接输入工件坐标的位置以及旋转角度来确定工件坐标系。

"取点创建框架"选项：通过取点的方式来确定工件坐标的位置。

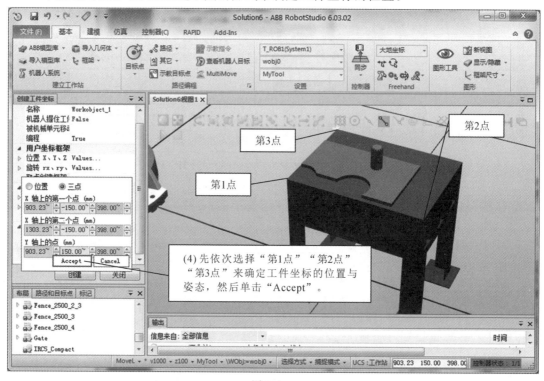

图 3-4

在建立工件坐标系时，根据需要来确定工件坐标的位置与姿态，其中："第 1 点"为 X 轴上的第一个点；"第 2 点"为 X 轴上的第二个点，通过该点，可以确定 X 轴的正方向；"第 3 点"为 Y 轴上的点，通过该点可以确定 Y 轴的正方向。由第 1 点和第 2 点的连线确定了 X 轴的位置与方向，由于 X 轴与 Y 轴是相互垂直的，因此通过第 3 点向 X 轴引垂线，其交点便是工件坐标系的原点。

2. 创建工业机器人运动轨迹的目标点

首先确定任务所参考的坐标系是否是所指定的坐标系，更改模板中指令的各参数，使之满足大部分程序指令要求，然后开始任务。其具体操作如图 3-5 至图 3-11 所示。

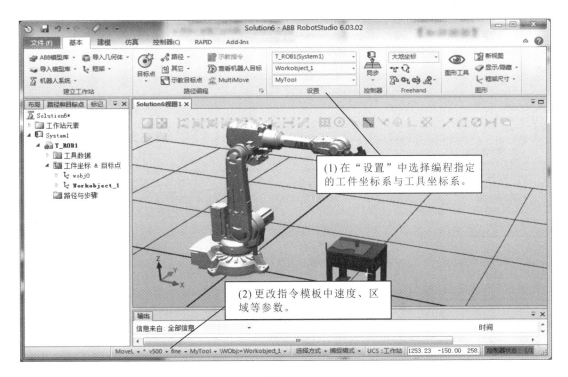

图 3-5

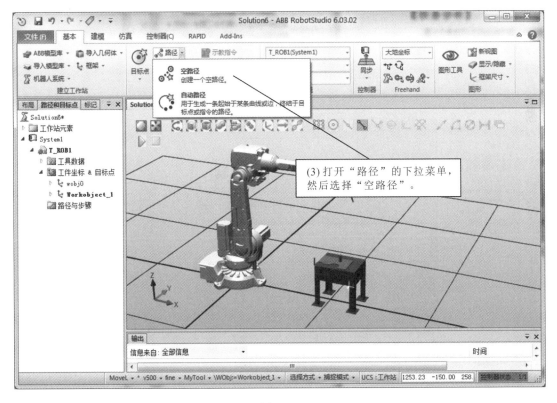

图 3-6

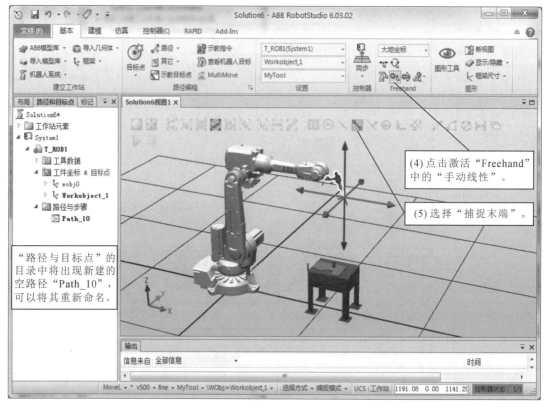

"路径与目标点"的目录中将出现新建的空路径"Path_10",可以将其重新命名。

(4) 点击激活"Freehand"中的"手动线性"。

(5) 选择"捕捉末端"。

图 3-7

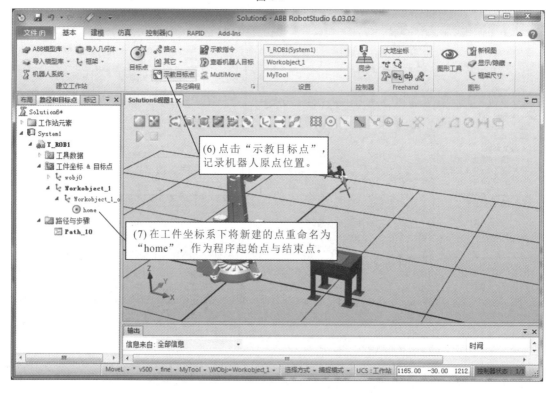

(6) 点击"示教目标点",记录机器人原点位置。

(7) 在工件坐标系下将新建的点重命名为"home",作为程序起始点与结束点。

图 3-8

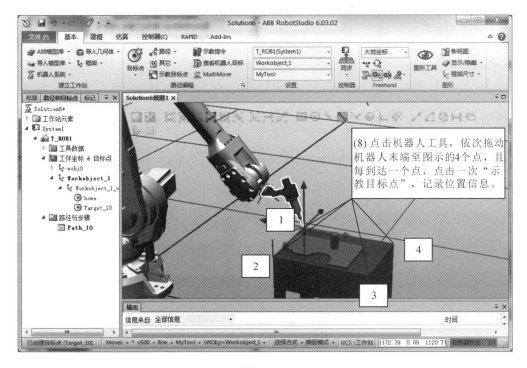

(8) 点击机器人工具,依次拖动机器人末端至图示的4个点,且每到达一个点,点击一次"示教目标点",记录位置信息。

图 3-9

到现在为止,已经获取了 5 个点的位置信息。在实际编程中,机器人在靠近对象以及离开对象时速度都比较慢,因此从点 home 到对象的第一个点以及从对象的最后一个点回到点 home 时,中间必须有一个过渡点,可以分别称为"逼近点"与"规避点"。本任务中,第一个点与最后一个点实质上是同一个点,因此只需要一个过渡点即可。

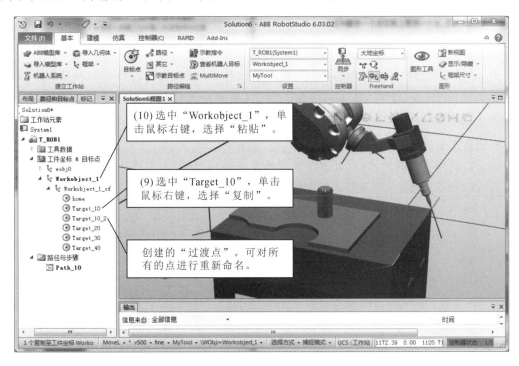

(10) 选中"Workobject_1",单击鼠标右键,选择"粘贴"。

(9) 选中"Target_10",单击鼠标右键,选择"复制"。

创建的"过渡点"。可对所有的点进行重新命名。

图 3-10

在对目标点进行重命名时,可以根据需要来设置目标点的前缀,但目标点的后缀通常采用 10 的整数倍来依次设置。然后对过渡点的位置进行修改。

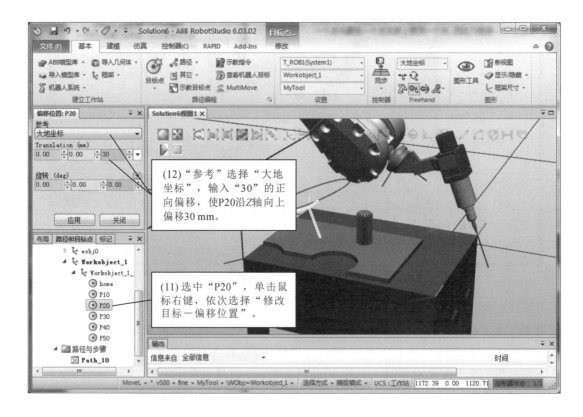

图 3-11

如果"参考"选择"本地",那么其偏移量参考的是工具坐标系,这时 Z 方向是向下的,但并不是垂直向下,所以沿 Z 轴偏移应输入负值,更改位置后的点 P20 也不在点 P10 的正下方。

3. 创建工业机器人运动轨迹

在生成机器人运动路径时,可以将所选的点添加到路径中,而所生成的程序参数,都基于之前设置好的程序模板,如图 3-12、图 3-13 所示。

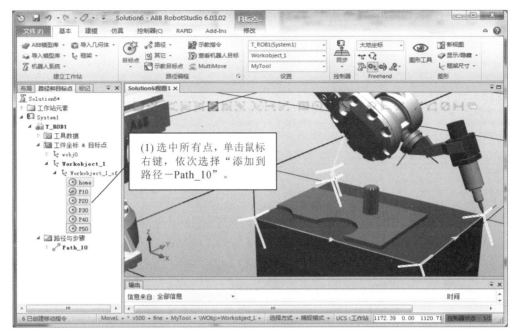

图 3-12

这时程序路径还不是一个完整路径,可以将点 P20、P10 和 home 依次添加到路径 Path_10 的最后。

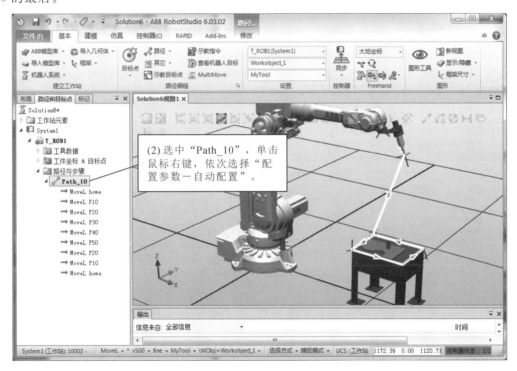

图 3-13

4. 调试工业机器人运动程序

可以选择对部分程序指令进行修改。特别是机器人在未作业时,可以选择较大的运行速度,比如本任务中点 home 以及点 P10 的指令速度。而对于精度要求不高的路径,可以选择用"MoveJ"代替"MoveL"运动指令,这样可以避免机器人轴位置限位情况的出现。同时,为了增强运动轨迹的连贯性,可以对一些程序设置转弯区半径。其操作如图 3-14、图 3-15 所示。

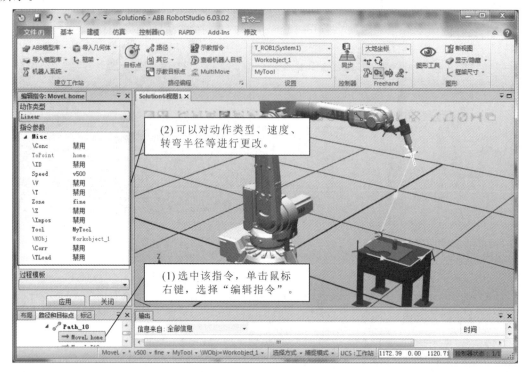

图 3-14

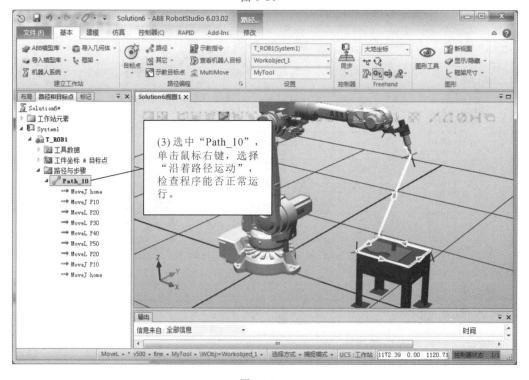

图 3-15

采用示教方式创建机器人运动轨迹时,经常会出现机器人不能跳转到指定的程序点的情况,这是由于机器人某个运动轴的位置达到了极限,可以进行以下调整:

（1）调整工件的位置,使之处于机器人工作区域之内,再进行示教,因此机器人的正确选型是程序能够顺利执行的前提;

（2）调整机器人的姿态,然后再拖动机器人进行示教;

（3）在程序中插入一个过渡点;

（4）能够进行示教,但在程序执行时不能执行到指定的程序点,这时可以考虑用"MoveJ"替代"MoveL","MoveJ"指令可以避免运动轴位置限位情况的出现。

5. 视频的录制

在 RobotStudio 中,要记录工作站内机器人执行运动指令情况,有视频和视图两种形式。前者是在没有安装 RobotStudio 虚拟仿真软件的情况下生成的视频文件,可以通过视频播放器打开;后者是在安装了 RobotStudio 虚拟仿真软件的情况下生成的". exe"可执行文件,可直接用软件打开。

1）生成视频文件

在录制视频之前,可以对视频录制的参数进行设置。

生成视频文件的步骤如图 3-16 至图 3-19 所示。

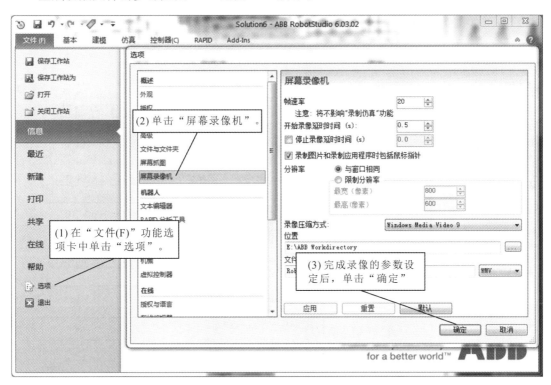

图 3-16

然后对工作站进行同步设置,将工作站的程序同步至 RAPID(虚拟示教器)。在弹出的对话框中勾选全部数据,进行同步,然后进行仿真设定与仿真。

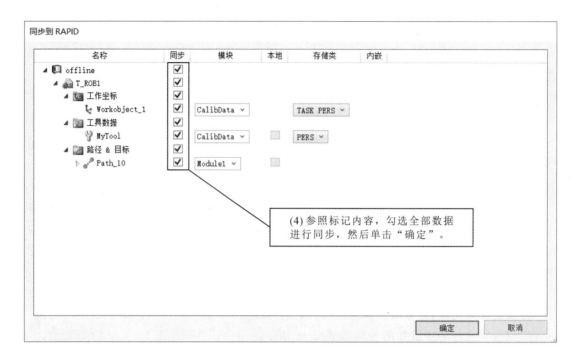

图 3-17

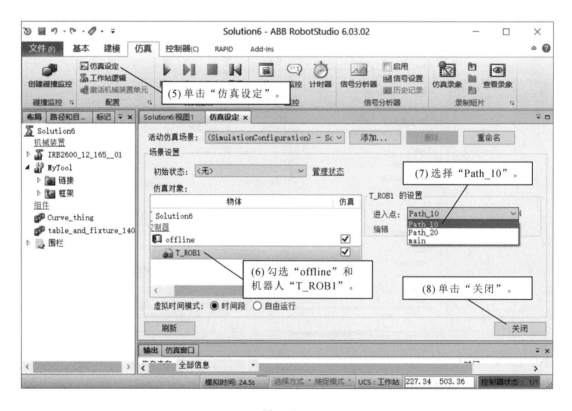

图 3-18

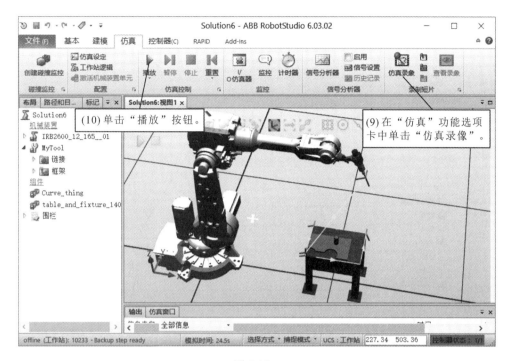

图 3-19

工作站内机器人按照编制的程序开始运动仿真。仿真结束后,可以打开所录制的视频,查看仿真效果。

至此就完成了工作站视频的录制与查看,并保存机器人工作站。

2)生成视图文件

具体操作步骤如图 3-20、图 3-21 所示。

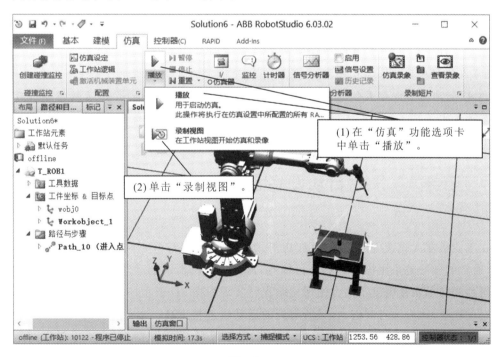

图 3-20

工作站将沿路径执行运动指令,指令执行完后,将弹出"另存为"对话框,可保存视图文件。

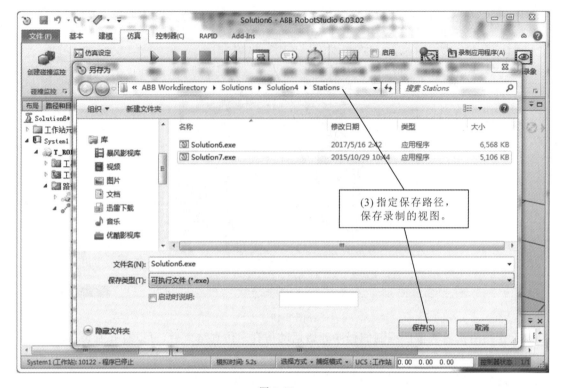

图 3-21

找到视图文件的位置,双击打开,点击"Play"即可查看所保存的视图。

【任务拓展】

在本学习任务中,先建立程序目标点,然后再将目标点添加到指定的路径中。除此方式外,还可以使程序目标点与程序指令一起生成,所采用的方式与本学习任务有类似之处,所不同的是,获取目标点位置信息不是采用"示教目标点",而是直接选用"示教指令",后续的操作可参考本学习任务的内容。请学生养成良好的编程习惯,不断完善程序。

任务 2　采用自动路径创建工业机器人运动轨迹

在工业机器人轨迹应用过程中,如切割、焊接、喷涂等,常需要对一些不规则的曲线进行编程,通常的做法是采用描点法获得目标点,从而生成机器人的运动轨迹。这种方法费时,且所得到的运动轨迹精度不高。图形化编程可实现根据 3D 模型的曲线特征自动生成机器人的运动轨迹,该方法省时省力,且所得到的运动轨迹精度高。本任务介绍根据 3D 模型的曲线特征,采用 RobotStudio 中自动路径功能,沿不规则工件(见图 3-22)边界创建机器人运动轨迹的方法。

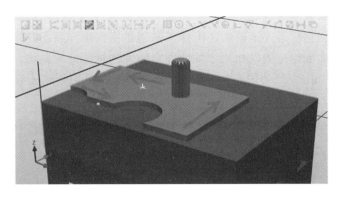

图 3-22

机器人需要沿不规则工件的边界运动,那么首先需要创建这样的边界线,以便在创建机器人运动轨迹中可以提取该边界,作为机器人的运动轨迹,然后就整个运动轨迹进行调试运行,因此本任务主要包括不规则曲线的创建、机器人运动轨迹的生成、机器人运动轨迹的调整三方面的内容。

1. 创建工件表面边界曲线

在任务 1 所创建的工作站的基础上,采用自动路径(AutoPath)创建工业机器人运动轨迹。创建工件表面边界曲线的操作如图 3-23 所示。

图 3-23

需要注意的是,如果捕捉工具中的“表面”没有激活,请一定要激活,这时在“选择表面”选项处的光标会丢失,切记一定要让光标回到“选择表面”下的选项框中,然后选取工件的表面,创建工件表面边界曲线。

2. 创建工业机器人运动轨迹

采用自动路径创建机器人运动轨迹同样需要创建用户坐标系,这样可方便编程以及路径修改。用户坐标的创建一般以加工工件的固定装置的特征点为基准。在本任务中,承前任务 1,选择"Workobject_1"为用户坐标系,因此,用户坐标系的创建任务不再重复。创建工业机器人运动轨迹的操作如图 3-24 至图 3-27 所示。

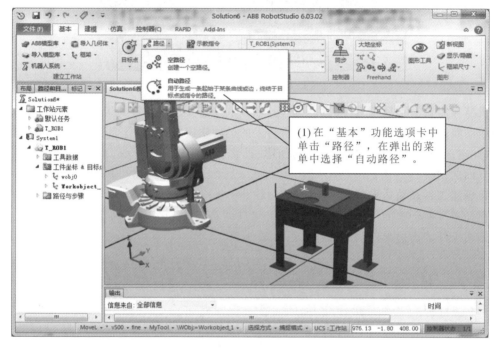

图 3-24

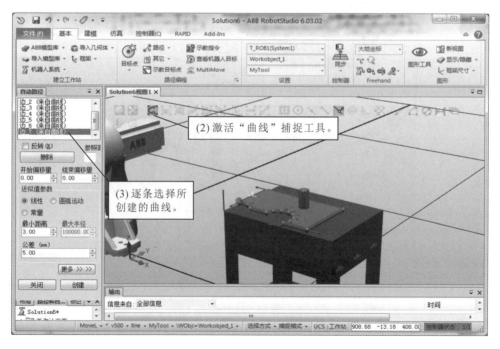

图 3-25

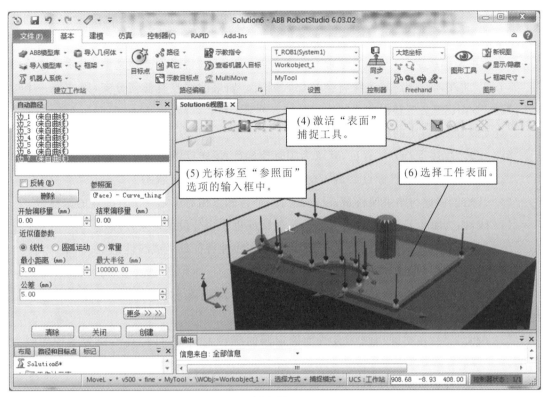

图 3-26

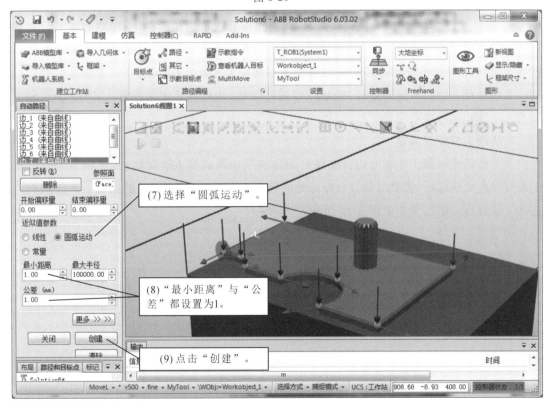

图 3-27

自动路径功能可以根据曲线或者沿着某个表面的边缘创建路径。要沿着一个表面创建路径,可使用选择级别"Surface"(表面);要沿着曲线创建路径,则使用选择级别"Curve"(曲线)。当使用选择级别"Surface"(表面)时,最靠近所选区的边缘将会被选取;当使用选择级别"Curve"(曲线)时,所选的边缘将会被加入列表。如果曲线没有任何分支,则选择一个边缘时按住"Shift"键会把整根曲线的边缘都加入列表。

"自动路径"窗口中的参数说明如下。

(1)反转:轨迹运行方向置反,默认为顺时针运行,反转后则为逆时针运行。

(2)参照面:生成的目标点 Z 轴方向与选定的表面处于垂直状态。

(3)开始偏移量与结束偏移量:设定最后一个目标点相对于第一个目标点的偏移量。

(4)线性:为每个目标生成线性指令,圆弧特征也作为分段线性来处理。

(5)圆弧运动:在圆弧特征处生成圆弧指令,在线性特征处生成线性指令。

(6)常量:使用常量距离生成点。

(7)最小距离:设置两生成点之间的最小距离,即距离小于该最小距离的点将被过滤掉。

(8)最大半径:在将圆周视为直线前确定圆的半径大小,即可将直线视为半径无限大的圆。

(9)公差:设置生成点所允许的几何描述的最大偏差。

需要根据不同的曲线特征来选择不同类型的近似值参数类型,通常情况下选择"圆弧运动",这样处理,使得线性部分执行线性运动,圆弧部分执行圆弧运动,不规则曲线部分则执行分段式线性运动。而"线性"与"常量"执行的是固定模式,不会根据曲线特征来对曲线进行处理,以免产生大量的多余点或者路径精度不满足工艺要求的问题。

在后续任务中将对运动路径"Path_20"进行调整,并将其转化为机器人程序代码,完成机器人运动轨迹程序的编写。

3. 机器人目标点调整

在前面已经根据工件表面边界曲线自动生成了一条机器人运动轨迹,但机器人暂时还不能按照此轨迹运行,需要对部分目标点处的机器人姿态进行调整,以确保机器人能顺利到达各个目标点。调整操作如图 3-28 至图 3-32 所示。

图 3-28

此时工具沿路径的分布是杂乱无章的,因此需要对各目标点的机器人工具姿态进行调整。

图 3-29

图 3-30

当前自动生成的目标点工具坐标 Z 轴方向均为工件表面的法向方向，因此，不需要调整 Z 轴。如果工具坐标 Z 轴方向与目标点法向方向不重合，则需要将 Z 轴方向设定为该工件表面的法向方向，具体可以自行练习。

对于其他目标点的调整，应以目标点"Target_10"为参考点，利用 Shift＋鼠标左键，选中剩余的所有目标点，然后进行统一调整。

图 3-31

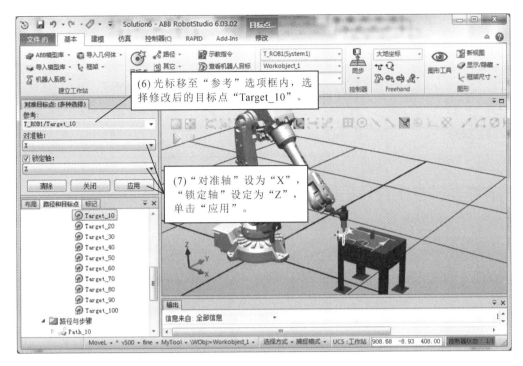

图 3-32

这样就将剩余所有目标点的 X 轴方向对准了已调整好姿态的目标点"Target_10"的 X 轴方向。选中所有目标点,这样就可以查看所有已调整好的目标点的工具姿态。

4. 机器人轴配置参数

机器人到达同一个目标点,可能存在多种关节组合的情况,即多种轴配置参数。因此需要为目标点调整轴配置参数,其操作如图 3-33 至图 3-36 所示。

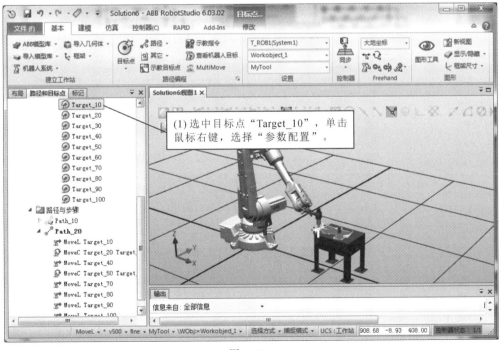

图 3-33

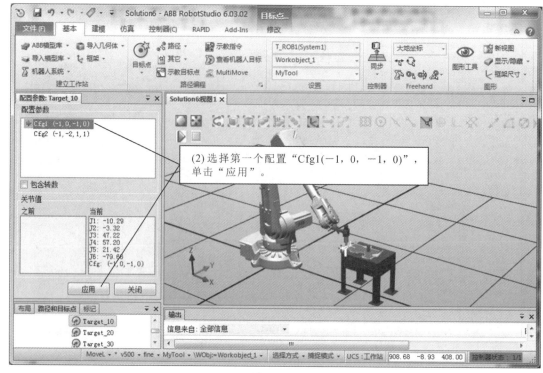

图 3-34

选择轴配置参数时,可以查看每个配置参数所对应的关节值,一般而言转过的角度的绝对值越小越好;同样也可以查看配置参数 Cfg1(−1,0,−1,0) 与 Cfg2(−1,−2,1,1),其绝对值之和越小越好。系统按照配置参数的优劣来排列,因此,本任务中选择配置参数 Cfg1(−1,0,−1,0)。同样,可以为其他目标点选择配置参数,确保程序路径的顺利执行。

图 3-35

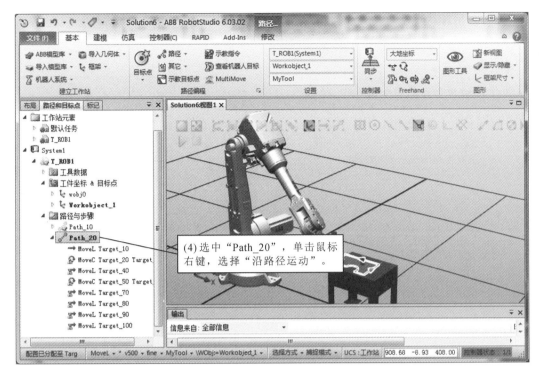

图 3-36

机器人轴配置参数操作完成之后,接下来完善程序,其方法可以参照"任务 1   采用示教方式创建工业机器人运动轨迹"的内容,设置 pHome、接近点与规避点,并修改程序指令,其结果如图 3-37 所示。

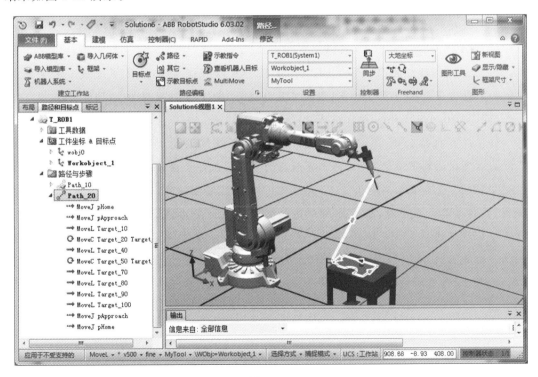

图 3-37

至此,采用自动路径创建工业机器人运动轨迹就完成了。

【任务拓展】

关于运动指令的说明如图 3-38 所示。

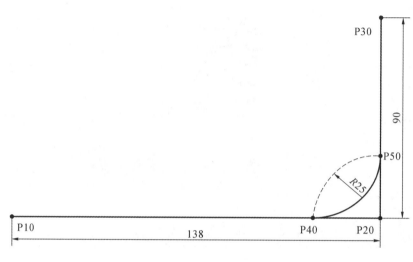

图 3-38

其指令如下。

MoveL,P10,v200, fine, tool1\Wobj:=wobj1;

　　//机器人的 TCP 从当前位置向 P10 点以线性运动的方式前进,其速度为 200 mm/s,直接到达 P10 点,使用的工具数据为 tool1,工件数据为 wobj1

MoveL,P20,v200, z25, tool1\Wobj:=wobj1;

　　//机器人的 TCP 从 P10 点向 P20 点以线性运动的方式前进,其速度为 200 mm/s,转弯区数据为 25 mm,使用的工具数据为 tool1,工件数据为 wobj1

MoveL,P30,v200, fine, tool1\Wobj:=wobj1;

　　//机器人的 TCP 从 P20 点向 P30 点以线性运动的方式前进,其速度为 200 mm/s,直接达到 P30 点,使用的工具数据为 tool1,工件数据为 wobj1

其中:"z25"是指在距离 P20 点 25 mm 的 P40 点处发生转弯,沿着曲线到达 P50 点,也就是说,执行第二条指令时,机器人所到达的实际位置为 P50 点,而不是 P20 点。P40 点、P50 点与 P20 点的关系满足 P40 点、P50 点是以 P20 点为圆心、半径为 25 mm 的四分之一圆弧的两个端点。"fine"是指机器人 TCP 到达目标点所在位置,在到达目标点位置时速度降为零,机器人动作有所停顿后再向下一个点运动,对于一段路径而言,其最后一个点处一定要用"fine"。

任务 3　机器人运动程序的仿真及辅助工具

本任务主要是对机器人工作站中创建好的机器人运动轨迹进行仿真运行。在仿真运行之前,首先通过碰撞监控,检查所创建的机器人运动轨迹是否与周边设备发生干涉;然后使机器人沿创建的路径按照运动指令运行,运行后可以对机器人轨迹进行分析,确认是否满足要求;最后可录制机器人运动程序仿真的视频,可作为后续项目分析的资料。

1. 机器人运动轨迹的碰撞监控

仿真的一个重要目的就是验证轨迹的可行性,即机器人在沿着路径运动的过程中是否与周边设备发生碰撞。此外,在具体应用中还可以查看机器人工具尖端与工件表面所保持的距离是否在合理范围之内,以保证应用的工艺要求。

RobotStudio 软件提供了专门用于碰撞检测的功能,即碰撞监控。其具体操作如图 3-39 至图 3-44 所示。

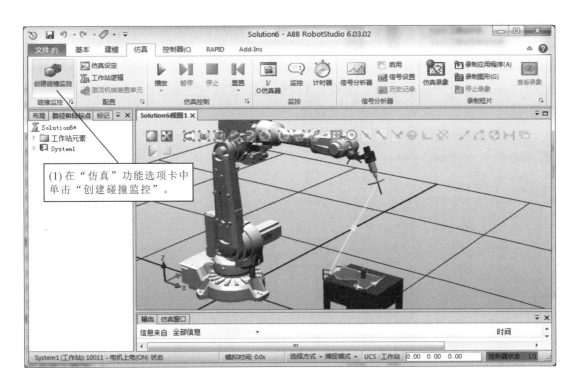

图 3-39

碰撞检测设定包含了"ObjectsA"和"ObjectsB"两组对象,将要检测的对象分别放置到这两组对象中,可以检测两组对象之间的碰撞情况。通常在工作站内为每个机器人创建一个碰撞集。对于每个碰撞集,机器人及其工具位于一组,而不想与之发生碰撞的所有对象位于另一组。如果机器人拥有多个工具或握住其他对象,可以将其添加到机器人的组中,也可以为其创建特定碰撞集。每一个碰撞集可单独启用和停用。

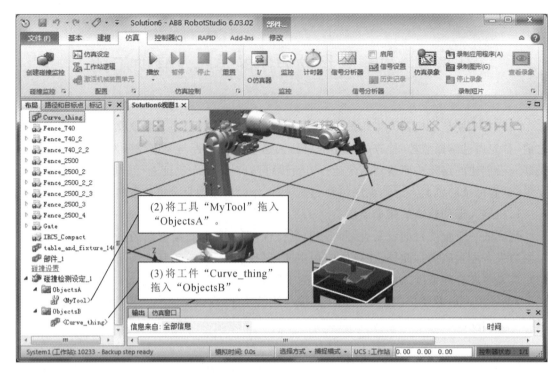

图 3-40

在本任务中,主要检测工具与工件之间是否发生碰撞,因此将工具与工件分别拖至两组对象"ObjectsA"和"ObjectsB"中。如果二者发生碰撞,则碰撞结果将显示在图形视图中,检测结果显示在输出窗口中。接下来进行碰撞监控设定操作。

图 3-41

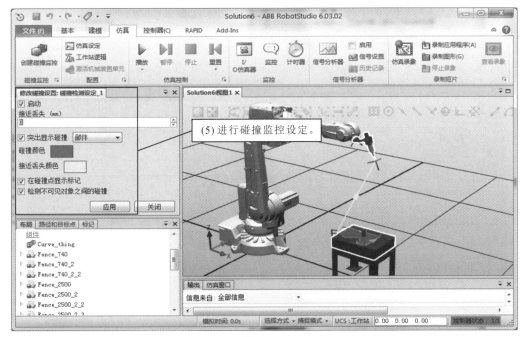

图 3-42

碰撞监控设定的相关参数说明如下。

（1）接近丢失：除了碰撞之外，如果 ObejctsA 与 ObjectsB 中的对象之间的距离在指定范围内，则碰撞检测也能观察接近丢失。

（2）碰撞颜色与接近丢失颜色：程序在运行时发生碰撞或者处于设定的"接近丢失"范围内时所突出显示的颜色。

为了具体说明这一情况，将"接近丢失"设置为"5 mm"，其他不变，手动拖动工具，使之与工件发生碰撞，观察结果。

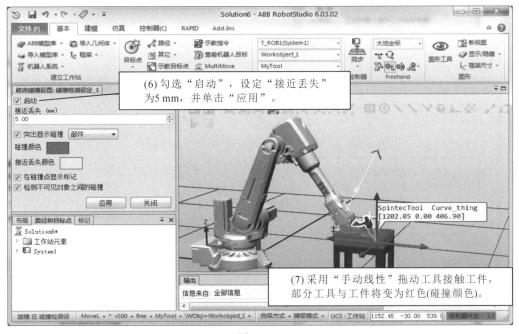

图 3-43

图 3-44

　　最后进行机器人运动轨迹的仿真,并观察其监控对象工具与工件的颜色变化,判断是发生碰撞还是处于"接近丢失"范围之内。其情况将在进行机器人运动轨迹仿真设定后的仿真环节中说明。

2. 机器人运动轨迹记录

　　在机器人运行过程中,可以对 TCP 的运动轨迹以及运动速度进行监控,这样便于对整个过程进行分析。

　　在分析之前,将"碰撞监控"关闭,并打开"监控",操作如图 3-45 所示。

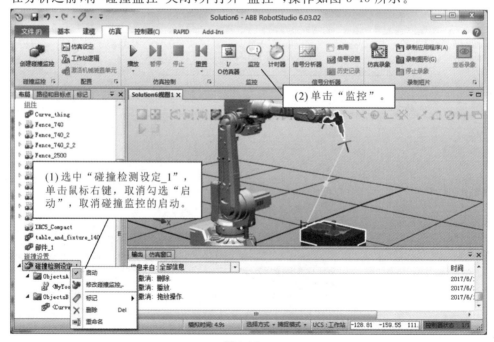

图 3-45

将弹出如图 3-46 所示的对话框，对话框中各项参数的说明如表 3-1 所示。

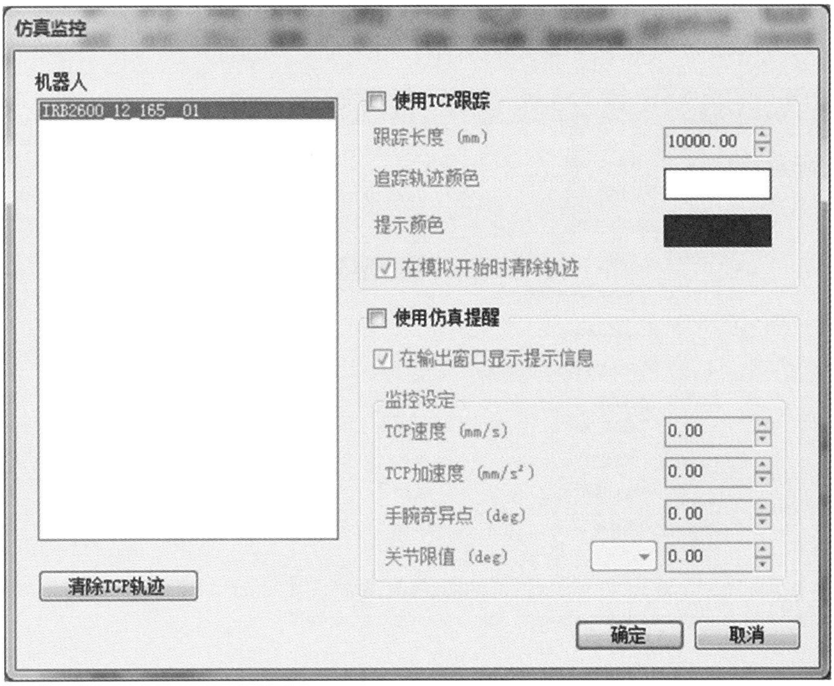

图 3-46

表 3-1　"仿真监控"对话框中各项参数及其说明

参数		说　明
TCP 跟踪选项卡	使用 TCP 跟踪	勾选此复选框可对选定机器人的 TCP 路径进行跟踪
	踪迹长度	指定最大轨迹长度，以 mm 为单位
	追踪轨迹颜色	当未启用任何警告时显示跟踪的颜色。要更改提示颜色，请单击彩色框
	提示颜色	当警告选项卡上所定义的任何警告超过临界值时，显示跟踪的颜色。要更改提示颜色，请单击彩色框
	在模拟开始时清除轨迹	勾选此复选框可在仿真开始时清除当前轨迹
	清除 TCP 轨迹	单击此按钮可从图形窗口中删除当前轨迹
仿真提醒选项卡	使用仿真提醒	勾选此复选框可对选定机器人启动仿真提醒
	在输出窗口显示提示信息	勾选此复选框可在超过临界值时查看警告消息。如果未启用 TCP 跟踪，则只显示警报
	TCP 速度	指定 TCP 速度警报的临界值
	TCP 加速度	指定 TCP 加速度警报的临界值
	手腕奇异点	指定在发出警报之前手腕关节与零点旋转的接近程度
	关节限值	指定在发出警报之前每个关节与其限制值的接近程度

在本任务中：将追踪轨迹颜色设置为黄色；为了保证记录长度，可将跟踪长度值设定得大一些，为 10000 mm；为了监控机器人在运动过程中的速度，将 TCP 速度设定为 1100 mm/s；将提示颜色设为红色。其操作如图 3-47 所示。

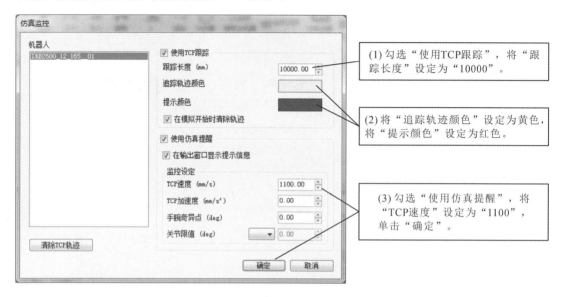

图 3-47

为了便于观察记录的 TCP 轨迹，可以将工作站中生成的路径和目标点隐藏，具体操作如图 3-48 所示。

图 3-48

设置完成后,仿真运行机器人运动轨迹,具体操作如图 3-49 所示。

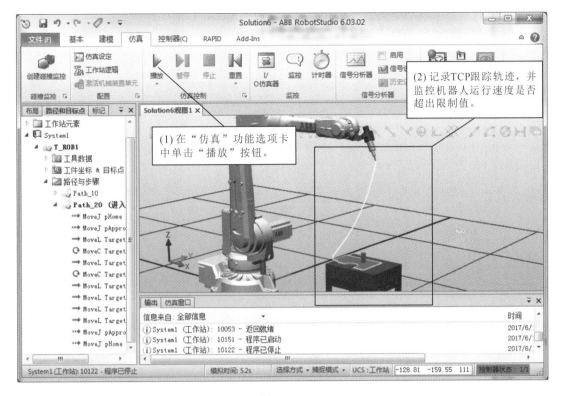

图 3-49

从运行的结果可以看出 TCP 的运动轨迹,以及其速度(最大为 1000 mm/s)没有超出极限值(1100 mm/s),而出现的跟踪轨迹也可以通过"仿真监控"对话框中的"清除 TCP 轨迹"进行消除。

【任务拓展】

碰撞检测能检查机器人或其他运动物体是否会与工作站内的其他设备产生碰撞。在复杂的工作站内,可以使用多组碰撞集对不同组的物体进行碰撞检测。碰撞检测在创建后会根据设定自动进行,不需要手动启动检测过程。

如果要用 ObjectsA 中的对象,例如工具和机器人,检测多个对象之间的碰撞,请将其全部拖至 ObjectsA。如果要用 ObjectsB 中的对象,例如工件和固定装置,检测多个对象之间的碰撞,请将其全部拖至 ObjectsB。这样,选择某个碰撞集或其下的某个组后,将会在图形窗口和浏览器中突出显示对应的对象。使用此功能,可以快速查看哪些对象已被添加到碰撞集或其下的某个组中。

一般来讲,为了便于碰撞检测,我们建议遵循以下规则:

(1) 使用尽可能小的碰撞集,拆分大型部件,并只在碰撞集中收集相关部件;

(2) 导入几何体时,启用粗糙详情等级;

(3) 限制"接近丢失"的使用;

(4) 如果结果令人满意,可以启用最后的碰撞检测。

思考与实训

（1）创建机器人运动轨迹的方法有几种？分别适用于什么情况？

（2）如何调整机器人目标点？

（3）机器人轴配置参数如何选择？

项目 4 机器人 Smart 组件的应用

学习目标

（1）了解什么是 Smart 组件。

（2）学会创建 Smart 组件。

（3）学会配置 Smart 组件的属性与连结。

（4）学会配置 Smart 组件的信号和连接。

（5）学会用 Smart 组件创建动态效果。

（6）了解 Smart 组件的子组件及其功能。

知识要点

（1）Smart 组件的设置。

（2）Smart 组件的属性与连结。

（3）Smart 组件的信号和连接。

（4）Smart 组件的仿真控制。

训练项目

（1）创建往复运动组件。

（2）创建喷漆组件。

（3）创建搬运组件。

（4）输送线动态仿真。

（5）Smart 组件子组件概览。

任务 1 创建往复运动组件

Smart 组件是让实体部件实现动态仿真效果的工具。比如通过 I/O 控制，Smart 组件可以使传送带传送货物，实现滑台滑动、喷枪喷漆、夹具或吸盘动作等效果。下面我们用 Smart 组件来创建一个具有往复运动属性的滑块机构，以此了解 Smart 组件的应用。

在本任务中，首先，我们需要通过建模创建一个滑块和一个轴，并将它们定义为往复运动的机械装置机构。同时，为该机械装置定义两个位置姿态点。然后，我们通过创建 Smart 组件来控制该机械装置的运动。由于该组件要实现的是滑块在两个位置姿态点之间的运动控制，我们给其配置两个位置移动子组件（PoseMover），并创建两个输入信号与之相连接来控制机械机构的定点运动。最后，通过导入并创建机器人系统来进行仿真，即为机器人配置两个信号输出端并与机械机构的两个输入信号相连接，从而实现机器人对往复运动机构的控制。

1. 创建工作站和部件

创建一个空工作站,并用建模功能创建往复运动的部件,包括滑块和轴(即滑杆)。其操作步骤如图 4-1、图 4-2 所示。

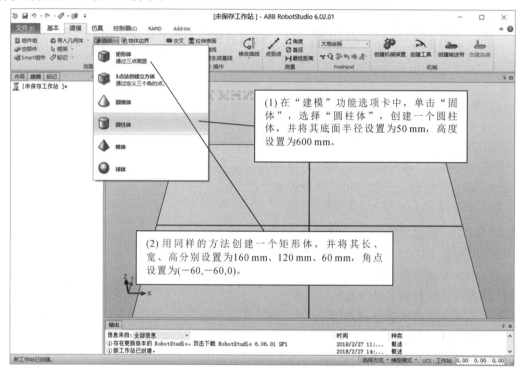

图 4-1

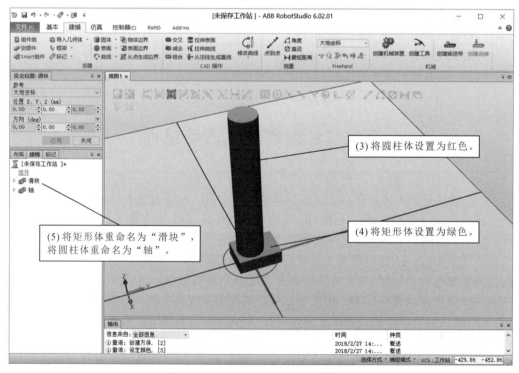

图 4-2

2. 创建机械装置

接着我们把往复运动的部件创建成一个机械装置，并配置成往复运动机构。其操作如图 4-3 至图 4-10 所示。

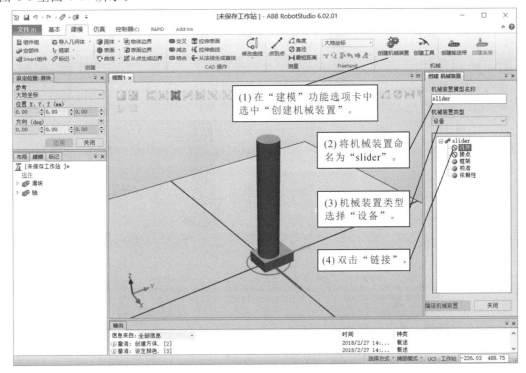

图 4-3

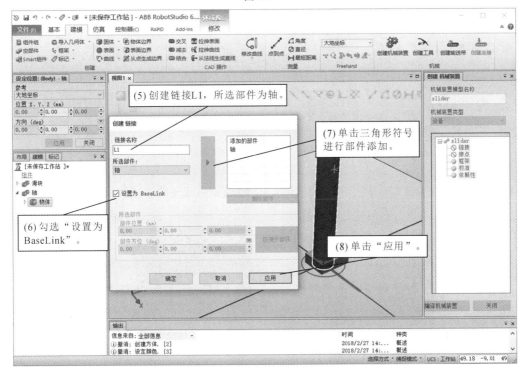

图 4-4

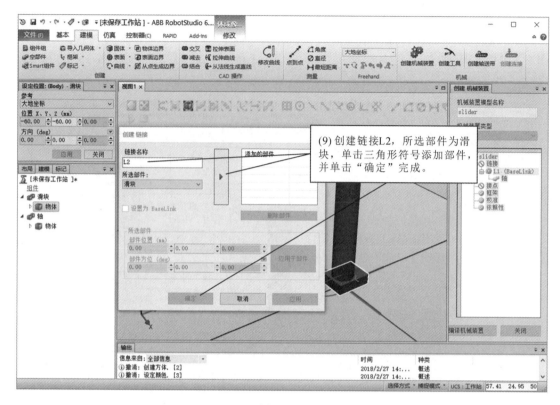

(9) 创建链接L2，所选部件为滑块，单击三角形符号添加部件，并单击"确定"完成。

图 4-5

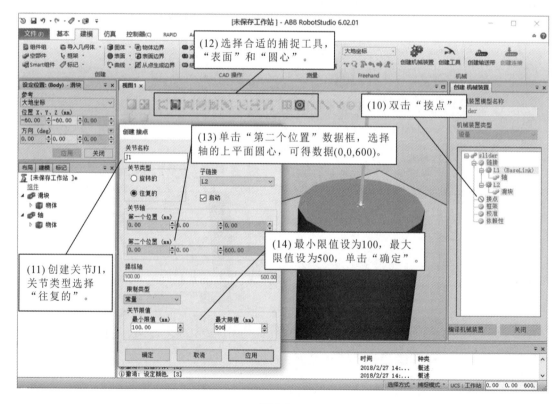

(12) 选择合适的捕捉工具，"表面"和"圆心"。

(10) 双击"接点"。

(13) 单击"第二个位置"数据框，选择轴的上平面圆心，可得数据(0,0,600)。

(11) 创建关节J1，关节类型选择"往复的"。

(14) 最小限值设为100，最大限值设为500，单击"确定"。

图 4-6

　　双击"机械装置"工具框,使工具框弹出并将其尺寸拉大,因尺寸问题,有些工具按钮会被隐藏起来,拉伸后可以看到。单击"编译机械装置"进行编译,生成机械装置。

　　接下来我们来为此机械装置配置两个位置姿态点,单击"添加",创建位置 1(关节值为100)和位置 2(关节值为 500)。单击"设置转换时间"设置转换时间,位置 1 到位置 2 为 3 s,位置 2 到位置 1 为 3 s。

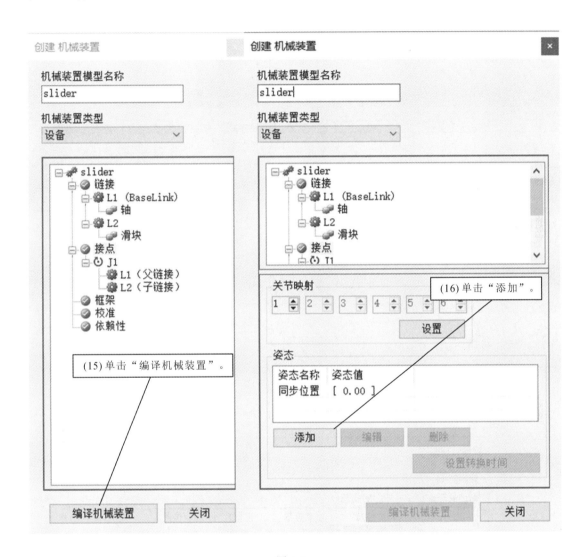

图 4-7

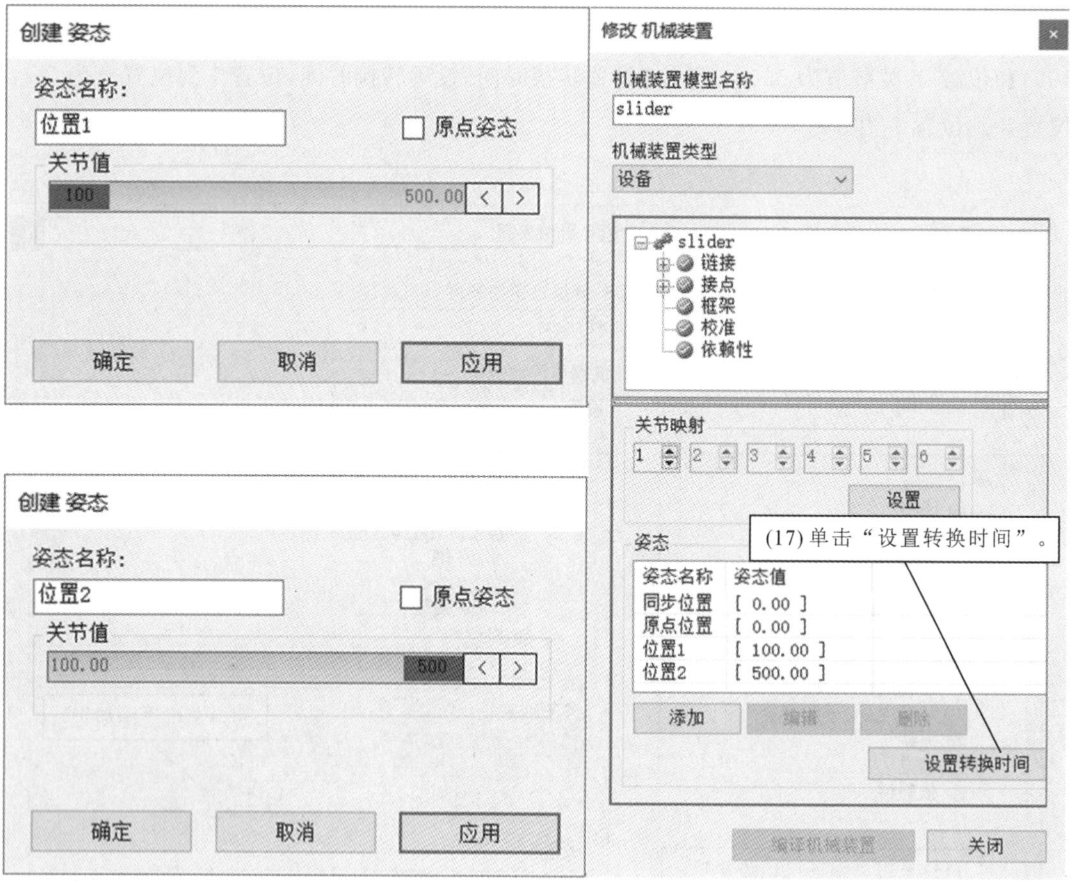
创建 姿态
姿态名称:
位置1
原点姿态
关节值
100
500.00
确定
取消
应用
创建 姿态
姿态名称:
位置2
原点姿态
关节值
100.00
500
确定
取消
应用
修改 机械装置
机械装置模型名称
slider
机械装置类型
设备
slider
链接
接点
框架
校准
依赖性
关节映射
1
2
3
4
5
6
设置
姿态
(17) 单击“设置转换时间”。
姿态名称
姿态值
同步位置 [0.00]
原点位置 [0.00]
位置1 [100.00]
位置2 [500.00]
添加
编辑
删除
设置转换时间
编译机械装置
关闭

图 4-8

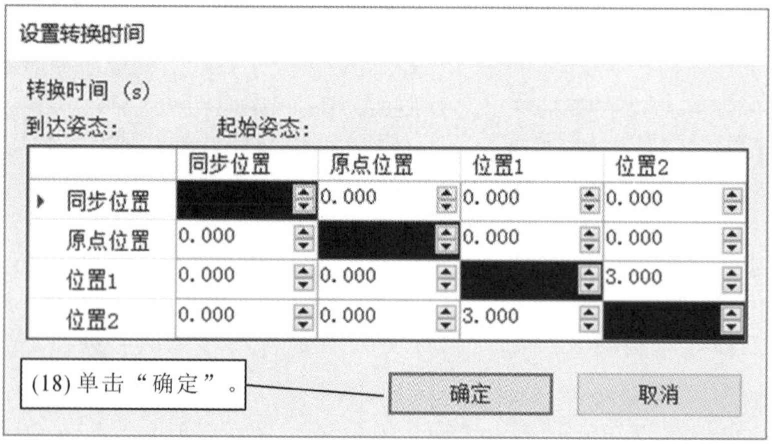
设置转换时间
转换时间 (s)
到达姿态:
起始姿态:
同步位置
原点位置
位置1
位置2
同步位置 0.000 0.000 0.000
原点位置 0.000 0.000 0.000
位置1 0.000 0.000 3.000
位置2 0.000 0.000 3.000
(18) 单击“确定”。
确定
取消

图 4-9

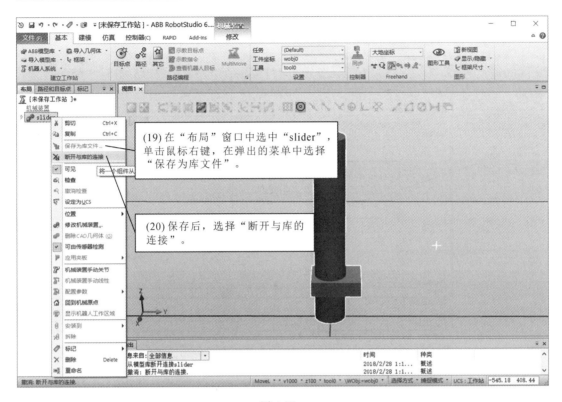

图 4-10

3. 创建 Smart 组件

操作步骤如图 4-11 至图 4-15 所示。

图 4-11

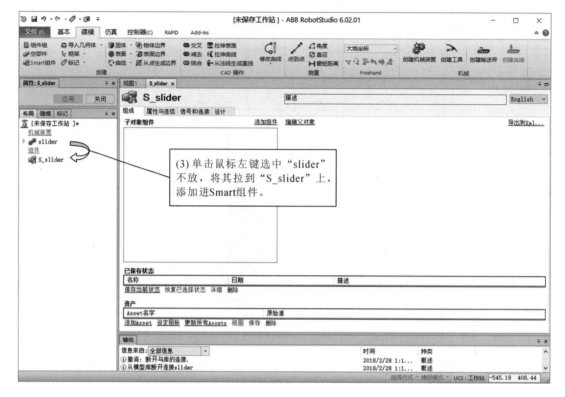

图 4-12

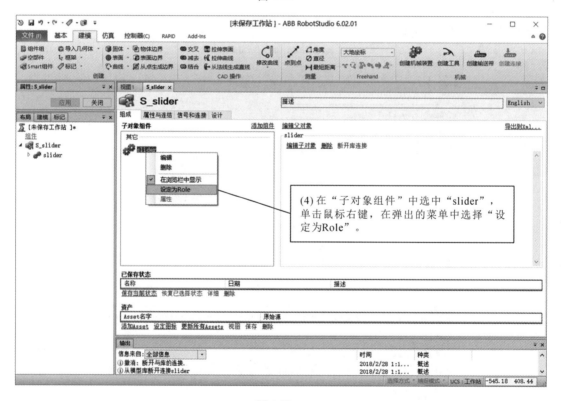

图 4-13

为 Smart 组件创建两个子组件 PoseMover 来控制滑块的滑动。PoseMover 的作用是使某个机械装置关节运动到一个已定义的位置姿态点。

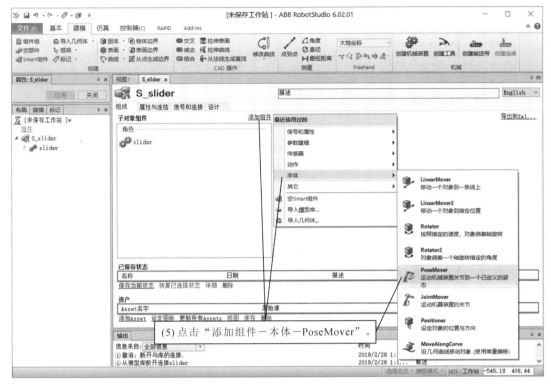

图 4-14

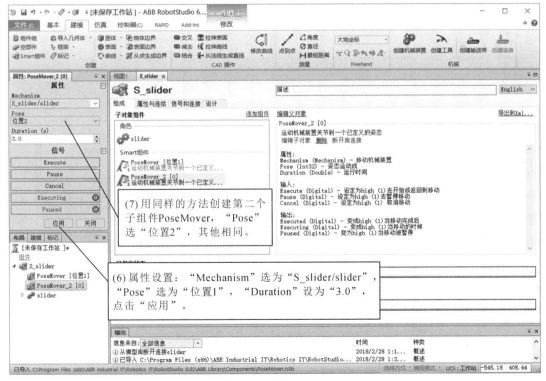

图 4-15

4. 创建信号和连接

接下来,我们需要为各个子组件之间的连接和交互创建 I/O 信号,并建立 I/O 连接。这里我们创建两个 I/O 信号,DI01 和 DI02,如图 4-16 所示。

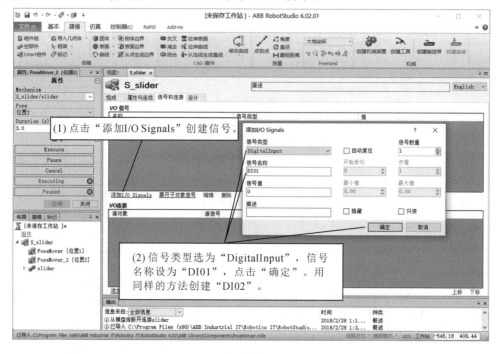

图 4-16

创建了信号后,再创建两个连接。让 DI01 与 PoseMover[位置 1]相连接,如图 4-17 所示。

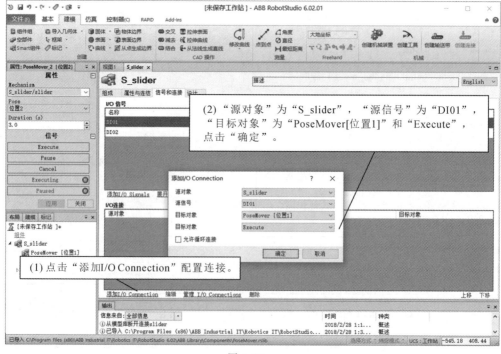

图 4-17

用同样的方法创建 DI02 与 PoseMover_2[位置 2]的连接。

5. 组件测试

下面我们对 Smart 组件的效果进行仿真测试,如图 4-18 所示。

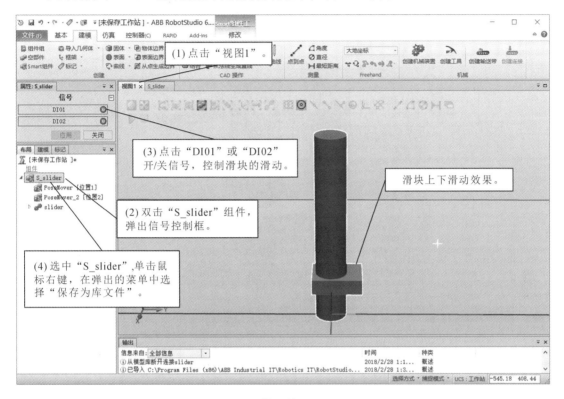

图 4-18

任务 2　创建喷漆组件

通过上一个任务,我们应该对 Smart 组件有了一定的认识,接下来我们利用 Smart 组件创建机器人喷漆组件,实现喷漆动作效果,进行机器人的喷漆仿真。

首先,我们需要根据喷漆的特征创建一个圆锥体来模拟喷漆的形状,再导入一个喷枪工具,并将圆锥体安装到喷枪的喷口处。然后,通过创建 Smart 组件来控制喷枪的喷涂,对于喷漆开始动作我们为其配置对象可见控制子组件(Show),对于喷漆停止动作我们为其配置对象隐藏控制子组件(Hide),并创建两个输入信号与之相连接来控制喷漆的开始和停止。最后,可以通过导入并创建机器人系统来进行仿真,即为机器人配置两个输出信号,并与喷枪 Smart 组件的两个输入信号相连接,从而实现机器人喷漆效果控制仿真。

1. 创建工作站部件

创建一个机器人工作站,并使用建模功能创建用于喷漆效果仿真的圆锥体,再导入一个喷枪,并将圆锥体安装到喷枪上,为后面创建喷漆效果做准备。其操作如图 4-19 至图 4-24 所示。

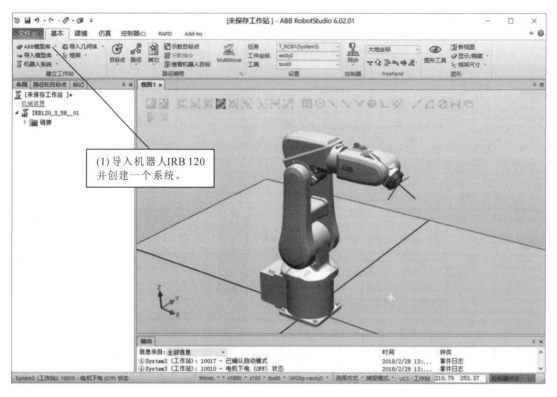

(1) 导入机器人IRB 120
并创建一个系统。

图 4-19

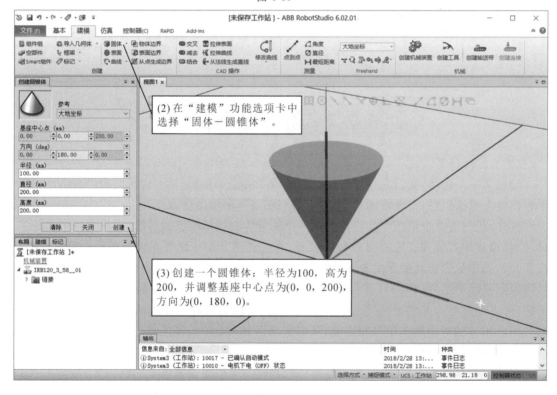

(2) 在"建模"功能选项卡中
选择"固体—圆锥体"。

(3) 创建一个圆锥体：半径为100，高为
200，并调整基座中心点为(0，0，200)，
方向为(0，180，0)。

图 4-20

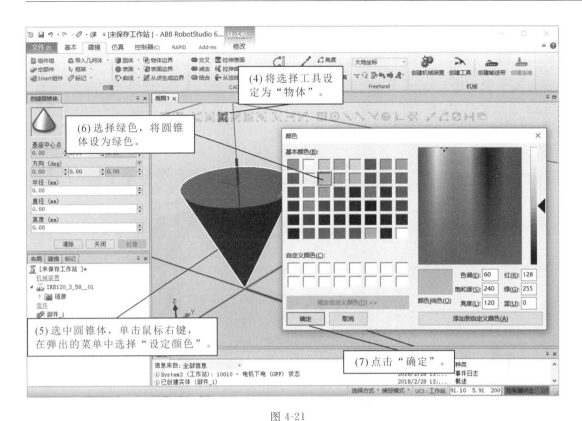

图 4-21

接下来,我们导入喷枪工具 ECCO 70AS 03,并将圆锥体安装到喷枪上。

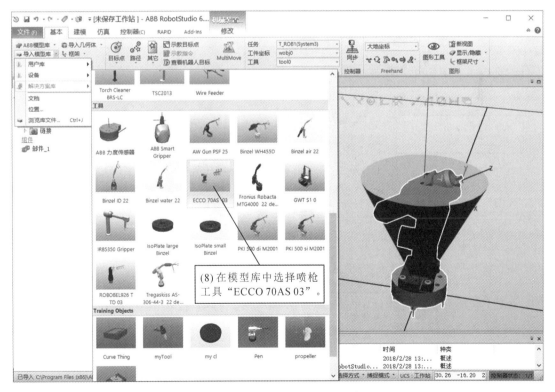

图 4-22

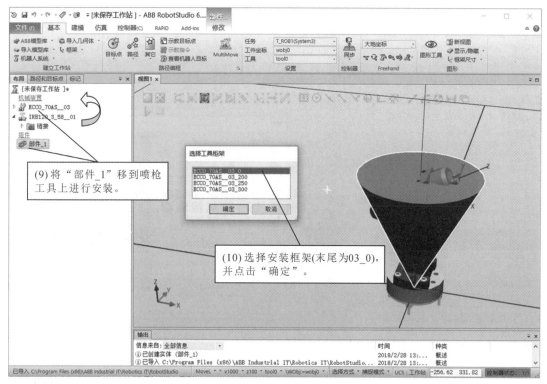

图 4-23

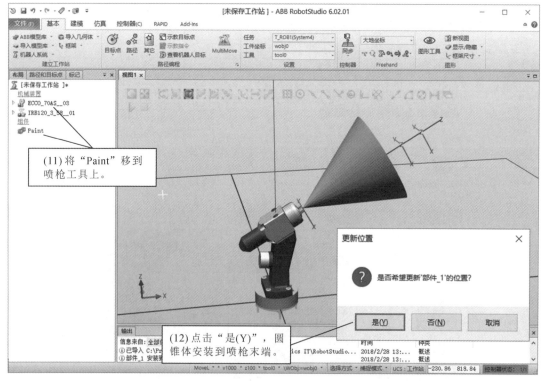

图 4-24

2. 创建 Smart 组件

创建 Smart 组件来配置喷漆的仿真效果，并创建 Show 和 Hide 子组件模拟喷漆工作开始和停止状态。其操作步骤如图 4-25 至图 4-27 所示。

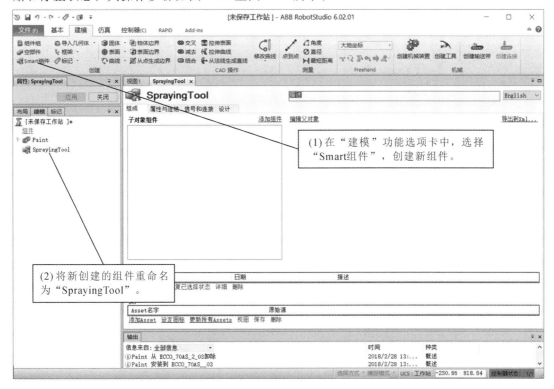

图 4-25

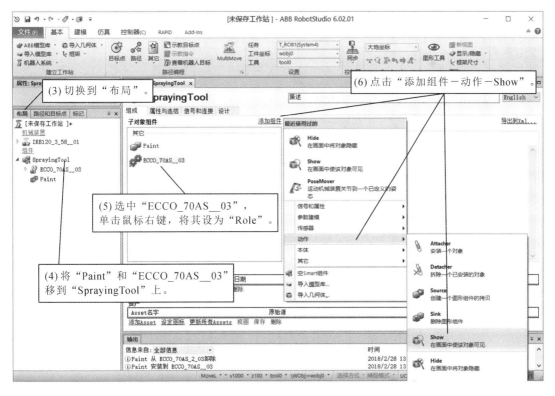

图 4-26

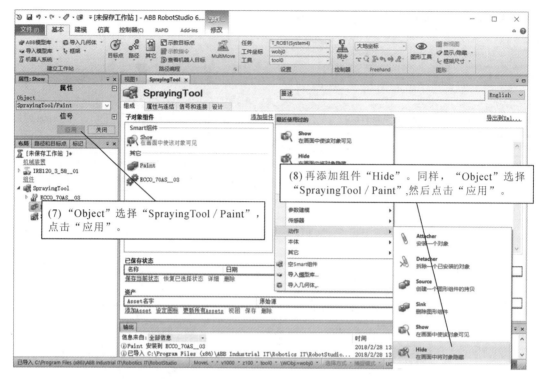

图 4-27

3. 创建信号和连接

为 SprayingTool 组件创建两个 I/O 信号:DI_SprayOn 和 DI_SprayOff。这两个信号分别与 Show 和 Hide 子组件连接,控制喷漆作业开始和停止。其操作步骤如图 4-28 和图 4-29 所示。

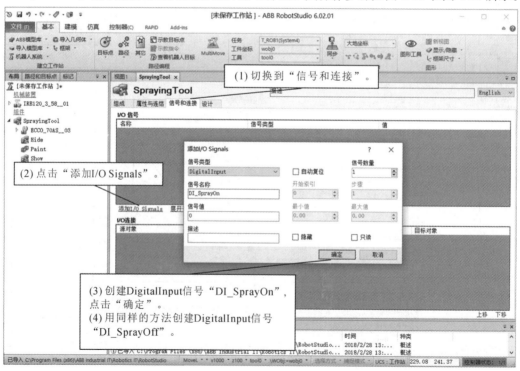

图 4-28

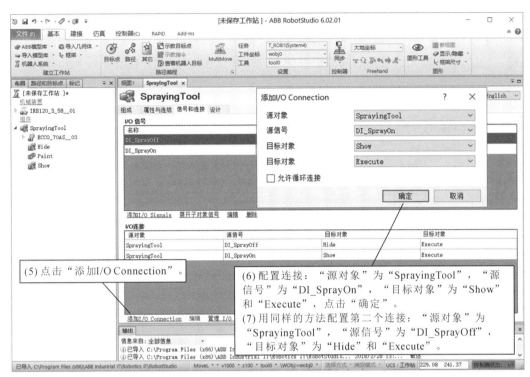

图 4-29

4. 组件测试

下面对喷漆组件的效果进行仿真测试，如图 4-30 所示。

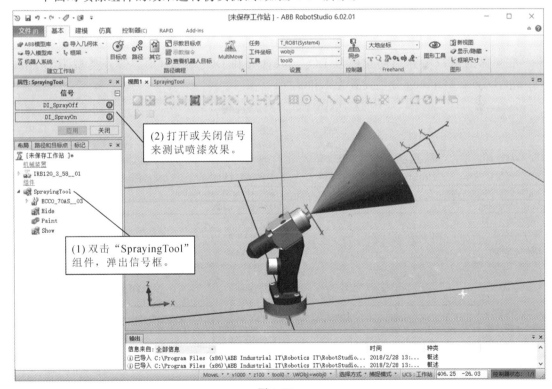

图 4-30

5. 创建机器人连接

为了更好地进行仿真,接下来为机器人创建两个I/O输出信号,并将其并与喷漆组件相连接,通过机器人输出信号控制喷漆组件的运动。其操作如图4-31至图4-35所示。

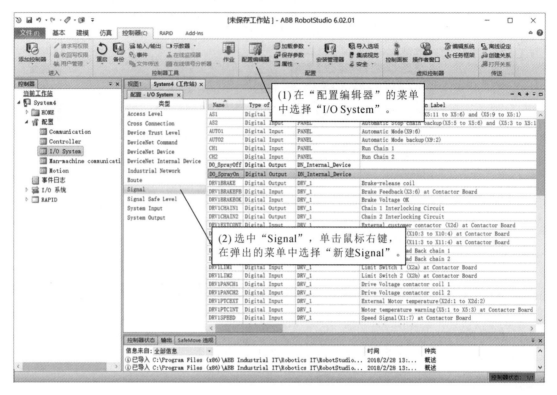

图 4-31

在弹出的窗口中分别创建信号 DO_SprayOn 和 DO_SprayOff。信号类型为 Digital Output,Device Mapping 分别设置为 1 和 2。

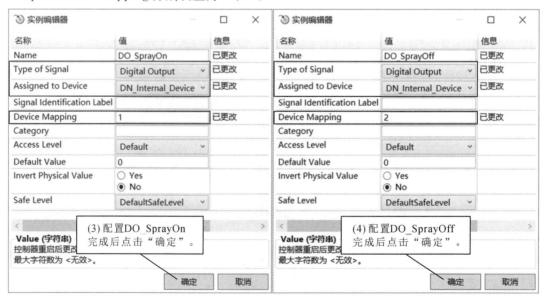

图 4-32

注意：信号配置完成后，需要重启控制器才能生效。

接下来为机器人和 Smart 组件创建连接，让机器人的输出信号 DO_SprayOn 与喷漆组件的输入信号 DI_Show 连接，机器人的输出信号 DO_SprayOff 与喷漆组件的输入信号 DI_Hide 连接。

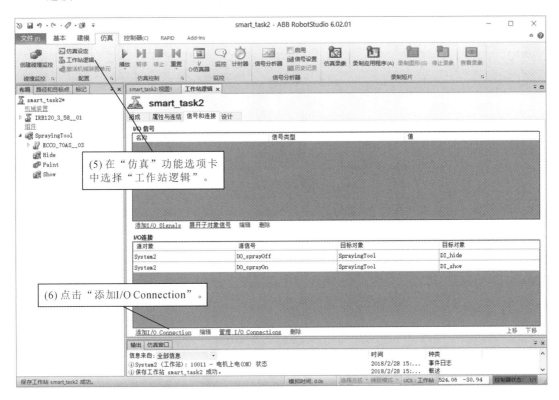

图 4-33

图 4-34 　　　　　　　　　　　　　　　　　　　　　　图 4-35

6. 创建机器人程序和仿真

为了更好地进行仿真，我们创建一个机器人程序来控制喷漆组件的运动。其操作如图 4-36 和图 4-37 所示。

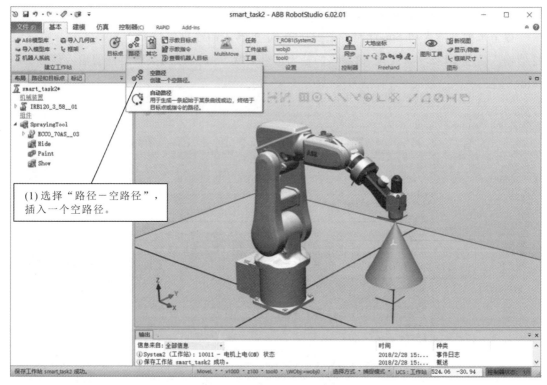

图 4-36

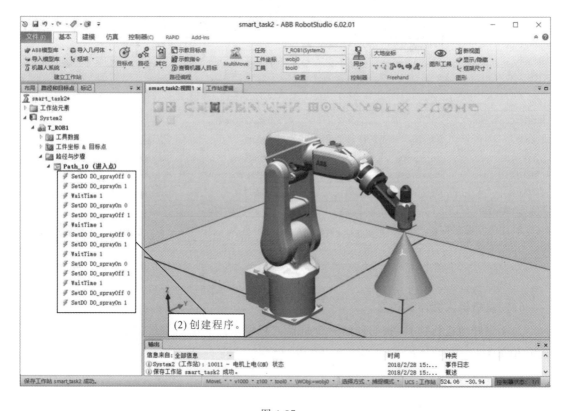

图 4-37

完成编程后,把程序同步到 RAPID 控制器中,注意要把程序入口设置为已同步的程序,这样就可以进行机器人和喷漆组件的联动仿真了。该程序可通过输出 DO_SprayOn 和 DO_SprayOff信号,实现圆锥体上喷漆有与无的效果。若再配合机器人其他动作,仿真会更有趣。

任务 3　创建搬运组件

创建一个机器人 Smart 搬运组件,模拟对物体"拿"与"放"的动作过程,实现机器人对物体的拿、放和搬运控制的仿真。首先,我们需要通过建模创建一个用于拿与放的吸盘工具,为该工具定义恰当的工具中心点。然后,通过创建 Smart 组件来控制该工具的拿与放动作,对于拿动作我们为其配置安装控制子组件(Attacher),对于放动作我们为其配置拆除控制子组件(Detacher),并创建两个输入信号与这两个子组件相连接,以控制工具的拿与放动作。最后,通过导入并创建机器人系统来进行仿真。

1. 创建工具与对象

首先,创建一个机器人空工作站,并用建模功能创建一个矩形体,把该矩形体作为吸盘工具。另外,再创建一个矩形体作为货物对象。其操作步骤如图 4-38 至图 4-42 所示。

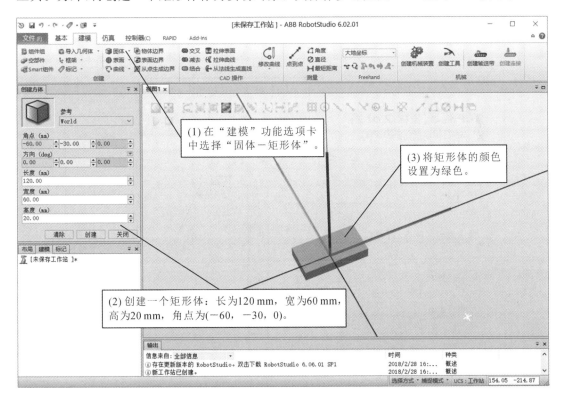

图 4-38

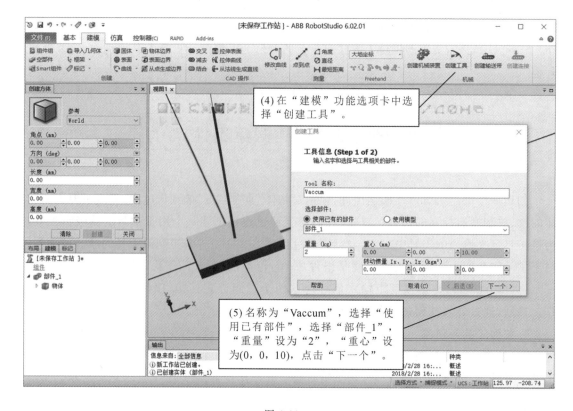

图 4-39

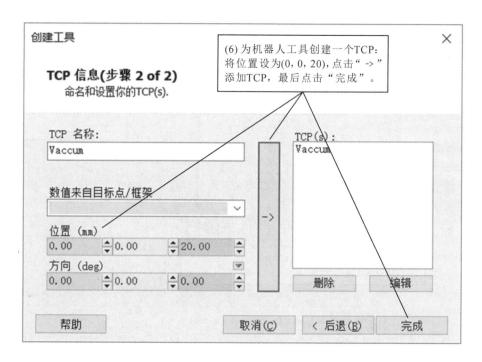

图 4-40

接下来,创建一个矩形体作为货物对象。

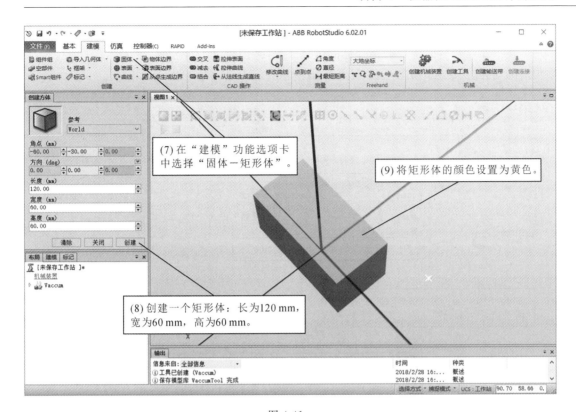

图 4-41

导入机器人，并从布局创建一个机器人系统，为后续仿真做好准备。

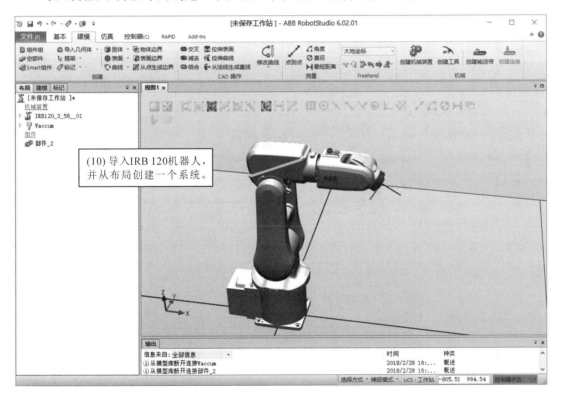

图 4-42

2. 创建 Smart 组件

创建 Smart 组件来配置搬运物体的仿真效果，并创建 Attacher 和 Detacher 子组件模拟拿与放的动作。其操作如图 4-43 至图 4-46 所示。

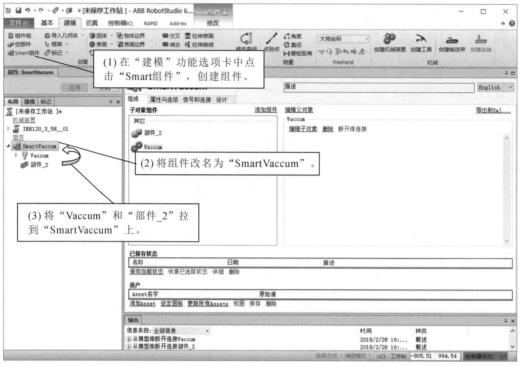

图 4-43

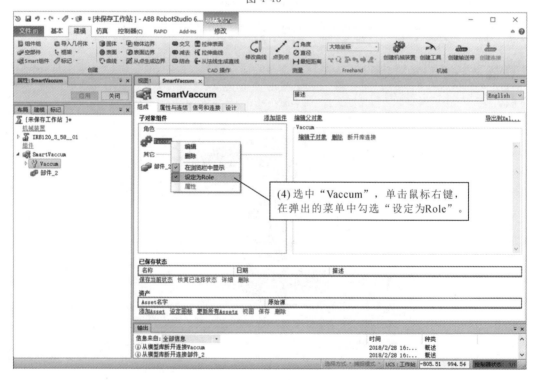

图 4-44

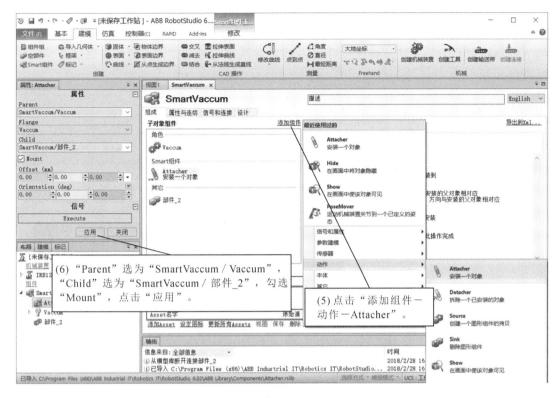

图 4-45

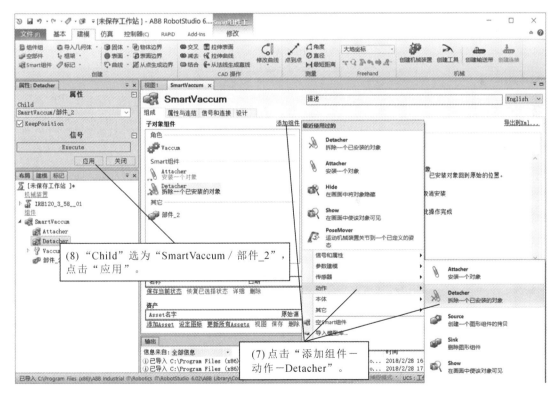

图 4-46

3. 创建信号和连接

为 SmartVaccum 组件创建两个 I/O 信号：DI_Attach 和 DI_Detach。这两个信号分别与 Attacher 和 Detacher 子组件连接，控制搬运物体的拿与放动作。其操作步骤如图4-47至图 7-49 所示。

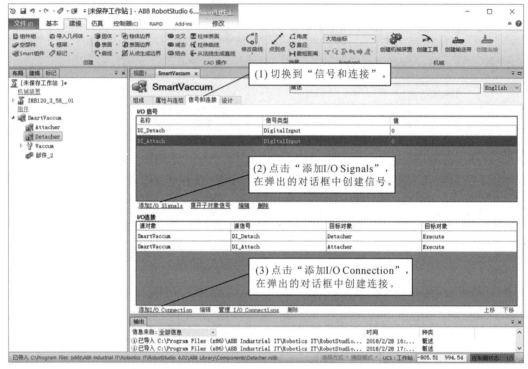

图 4-47

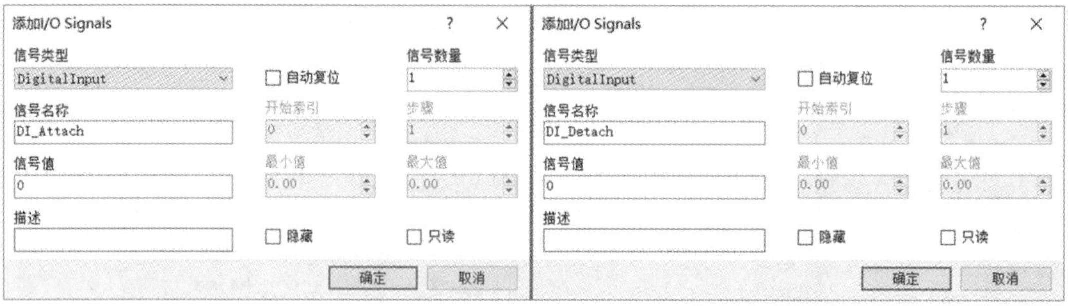

图 4-48

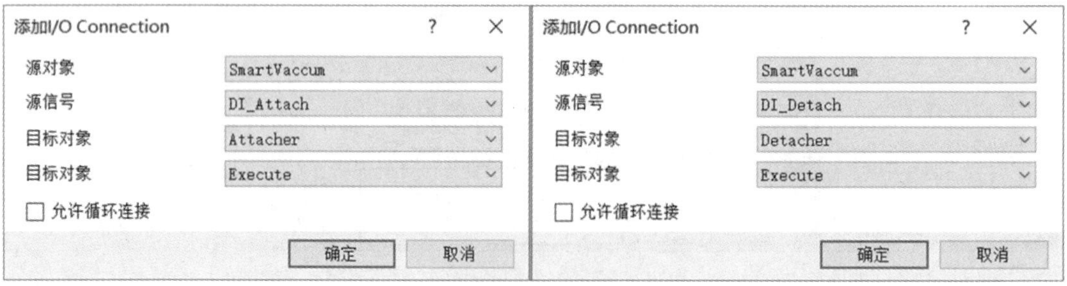

图 4-49

4. 组件测试与仿真

下面对搬运物体组件的效果进行仿真测试,如图 4-50 和图 4-51 所示。

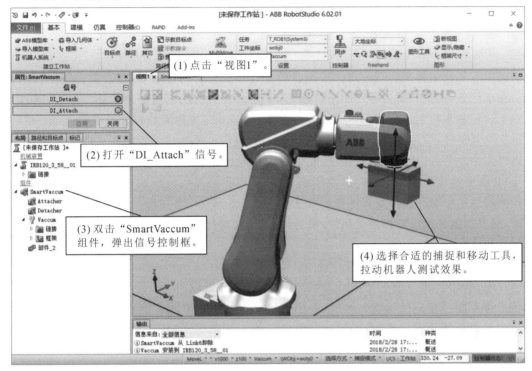

图 4-50

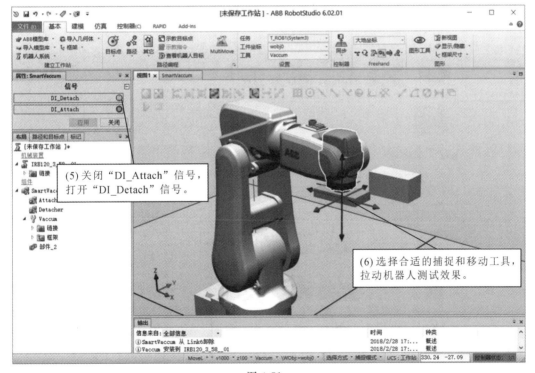

图 4-51

至此,已经完成搬运物体 Smart 组件的创建,可实现搬运物体的动态仿真。

任务 4　输送线动态仿真

利用 Smart 组件来实现输送线货物自动生成和传输的动态效果,进行货物传输控制仿真。在本任务中,我们需要导入一个传送带,并通过建模功能创建一个货物。然后,通过创建 Smart 组件来控制该货物的生成和传输动作。首先,把货物配置为源子组件(Source),可生成货物复制件;然后,创建一个队列子组件(Queue),可把生成的货物放入队列中,整个队列可以作为一个组来进行操作;接着,配置一个直线运动子组件(LineMover)来控制货物的移动;货物到达传送带指定端时应该停止运动,所以我们需在这个地方配置传感器子组件,来检测到达的货物;同时,配置逻辑控制子组件(LogicGate)来实现当指定位置的货物被拿走时,触发源组件生成货物的复制件;最后,为 Smart 组件配置相应的信号和连接,实现货物传输控制仿真。

1. 创建输送线工作站和部件

首先,我们创建一个空工作站,然后导入一个传送带设备,为了后面的控制方便,我们将传送带调整至合适的位置。然后,我们需要创建一个矩形体货物,作为输送线传送的对象。为了更好地看清货物,我们给货物设置鲜艳一些的颜色。其操作如图 4-52 至图 4-55 所示。

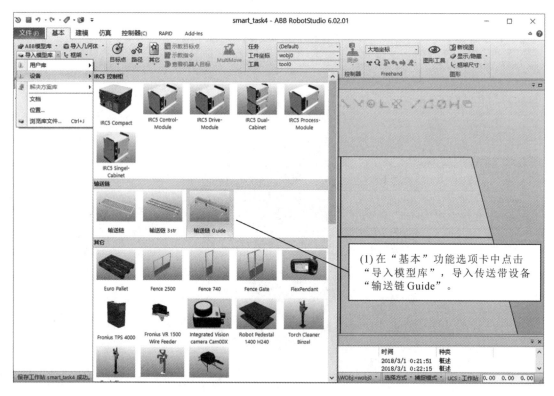

图 4-52

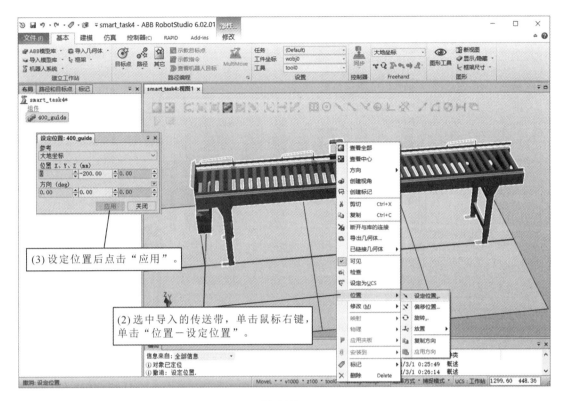

(3) 设定位置后点击"应用"。

(2) 选中导入的传送带，单击鼠标右键，单击"位置－设定位置"。

图 4-53

(4) 在"建模"功能选项卡中，单击"固体"，选择"矩形体"。

(6) 捕捉工具设为"物体"。

(5) 设定矩形体参数：角点为(0，－150，0)，长度为400 mm，宽度为300 mm，高度为200 mm，然后点击"创建"。

图 4-54

图 4-55

2. 配置输送线产品源

接下来,我们需要创建一个 Smart 组件来控制输送线的传输效果。输送线上需要有不断产生的货物,那么,我们需要创建一个 Source 子组件来实现,如图 4-56 至图 4-58 所示。

图 4-56

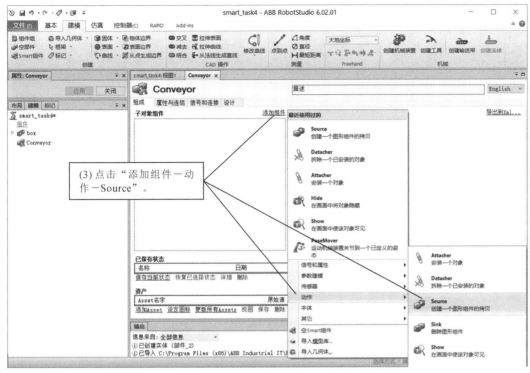

图 4-57

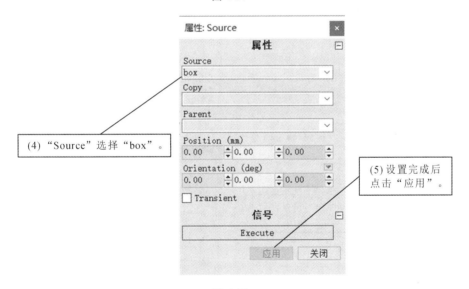

图 4-58

Source 子组件主要用于生成对象的复制件,每触发执行一次,将会产生一个复制件。在本任务中,每触发一次,Source 子组件将会产生一个 box 的复制件,该复制件将会以"box＋数字"命名。

3. 配置运动属性

有了货物后,我们要把货物放到一个队列里并使其沿着某一直线运动。此时我们就需要添加两个子组件,分别为 Queue 和 LinearMover,如图 4-59 至图 4-61 所示。

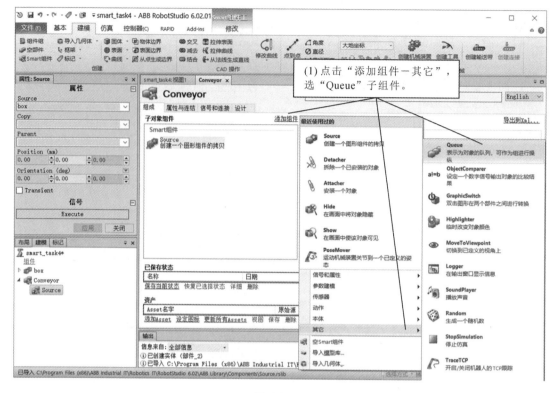

图 4-59

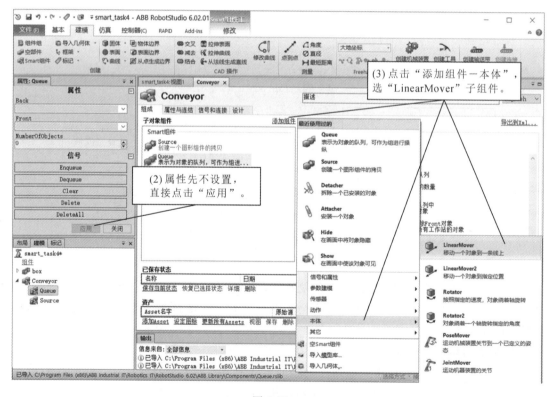

图 4-60

在弹出来的属性对话框中进行设置：对象"Object"为"Conveyor/Queue"，方向"Direction"为(−2600,0,0)，速度"Speed"为"500"，并将"Execute"设置为"1"，点击"应用"。Execute 为 1 表示该运动一直执行，只要队列中有货物，就可以看到运动效果。

图 4-61

4. 配置传感器

队列中的货物只有到达指定的位置才会停止，我们需要在该位置配置传感器子组件来检测货物的到达，如图 4-62 至图 4-66 所示。

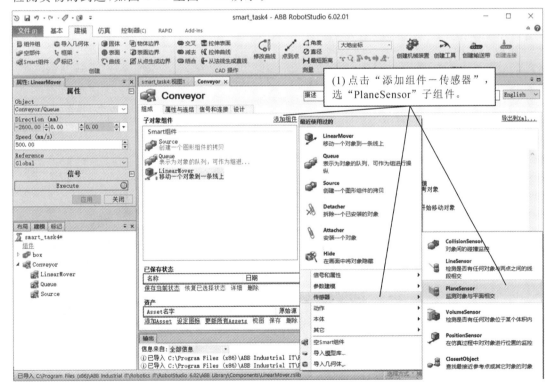

图 4-62

接下来,设置传感器的大小,通过三点法来实现,原点通过捕捉获得,其他两点通过长度设置。

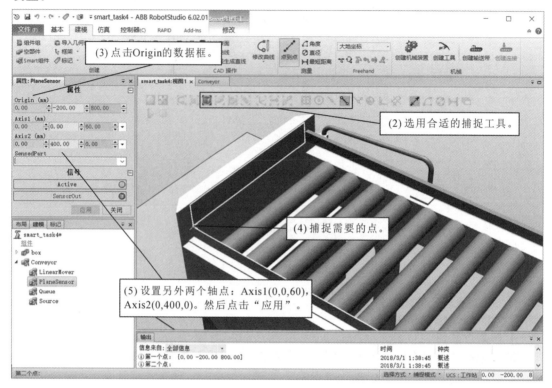

图 4-63

图 4-64

因为传送带本身与传感器有接触，所以我们需要关掉其"可由传感器检测"的属性，避免误报警。同时，为了方便控制，将传送带"400_guide"拉到"Conveyor"组件里。接下来，我们配置一个 LogicGate 子组件。

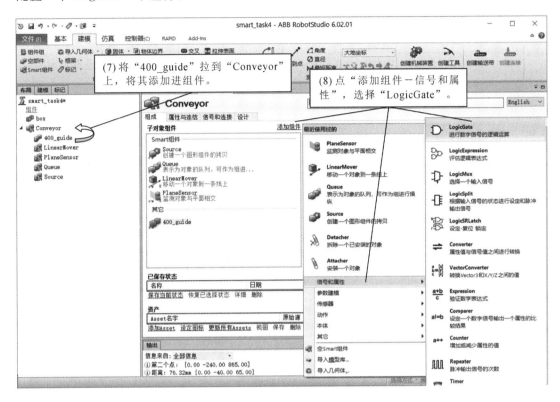

图 4-65

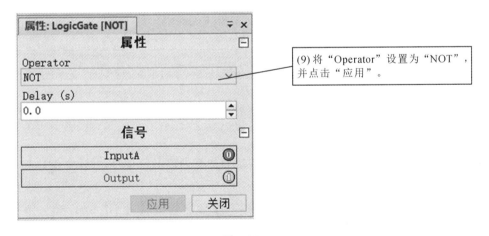

图 4-66

LogicGate 子组件主要实现的是当信号从 0 变成 1 时，才会触发事件。我们所要实现的是当货物到达传感器处后，传感器输出为 1，此时 LogicGate 输出为 0。一旦货物被拿走，传感器输出由 1 变为 0，而 LogicGate 输出则是由 0 变为 1。此时 LogicGate 的输出信号可以触发 Source 子组件产生一个新的复制件。

5. 创建属性与连结

属性的连结指的是子组件之间某个属性的相互连结,即一个子组件的某项属性 A 和另一个子组件的某项属性 B 连结,A 改变时,B 也会发生改变。

在这里,我们将 Source 子组件所产生的复制件与队列 Queue 的 Back 属性连结。Back 是即将加入队列的物体,而 Queue 是一直运动的,也就是说 Back 加入队列后,也会跟着运动,而由于 Source 子组件所产生的复制件与 Back 是连结的,所以复制件也会跟着运动。其操作如图 4-67 所示。

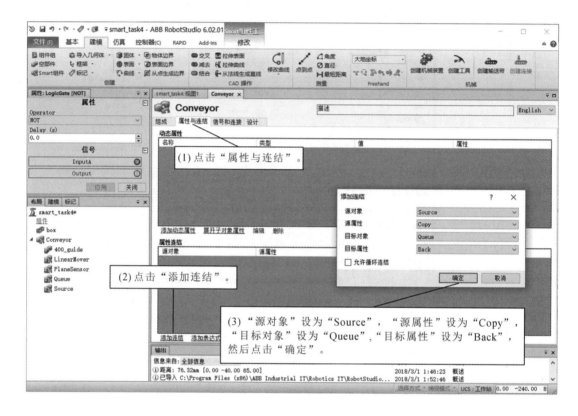

图 4-67

6. 创建信号与连接

接下来,我们需要为各个子组件之间的连接和交互创建 I/O 信号,并建立 I/O 连接。其操作步骤如图 4-68 至图 4-76 所示。

首先,我们为整个输送线 Smart 组件创建一个数字输入信号 DI_Start 和一个数字输出信号 DO_Box_Ready,来控制输送线的启动和货物到达指定位置后准备就绪的输出信号。

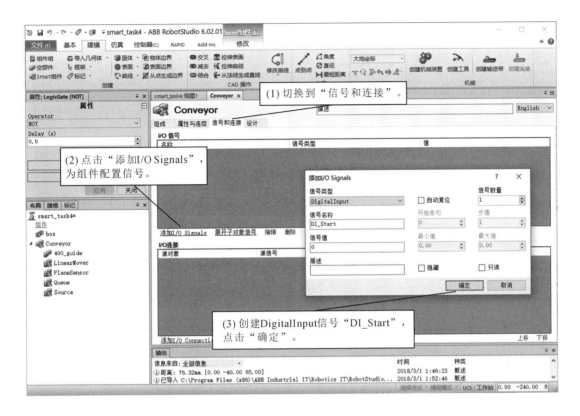

图 4-68

用同样的方法创建 DigitalOutput 信号"DO_Box_Ready"。

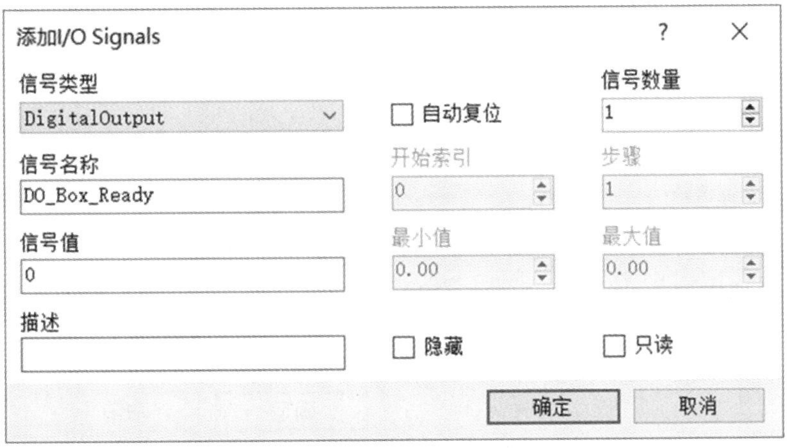

图 4-69

再为组件添加 6 对 I/O 连接以实现货物的自动生成与传输。

创建 DI_Start 启动信号去触发 Source 子组件,使其自动生成一个复制件。

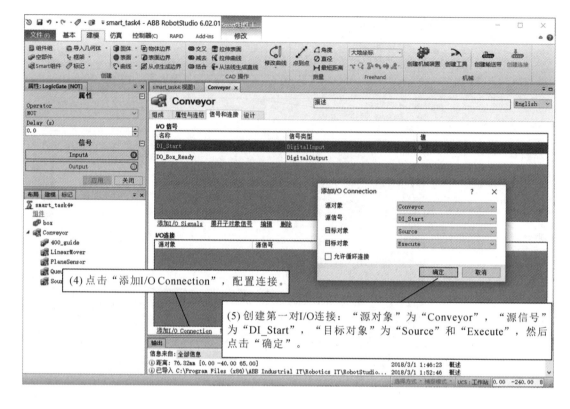

图 4-70

创建第二对 I/O 连接。Source 子组件生成复制件后触发队列 Queue 的 Enqueue(加入队列)动作,把生成的复制件加入到队列 Queue 中。

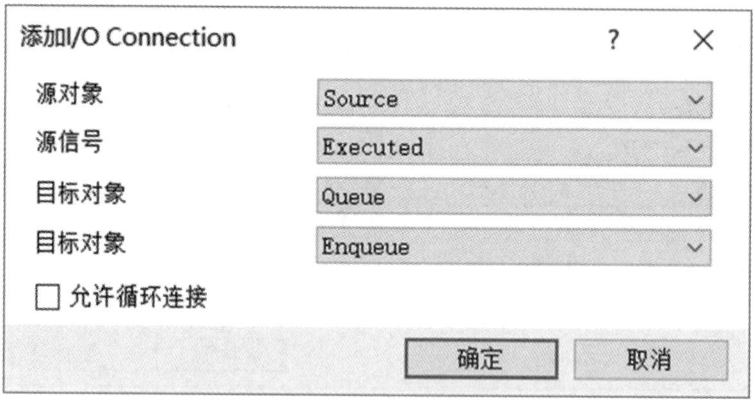

图 4-71

创建第三对 I/O 连接。当复制件到达指定位置触碰到传感器时,传感器有输出信号并触发队列 Queue 的 Dequeue(退出队列)动作,复制件退出队列停止运动。

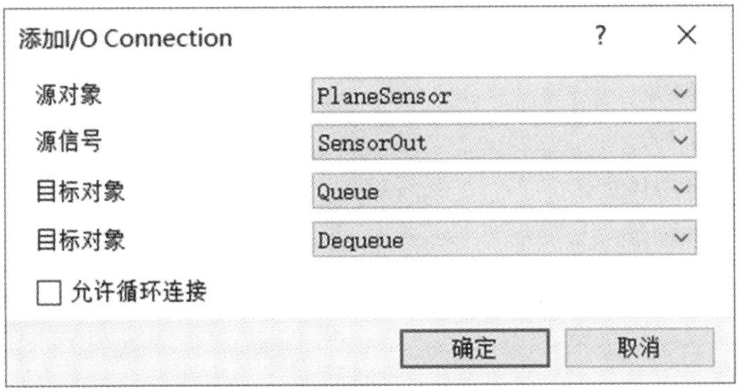

图 4-72

创建第四对 I/O 连接。传感器有输出信号时,会置位 LogicGate 子组件的输入 InputA,此时 LogicGate 的输出为 0。

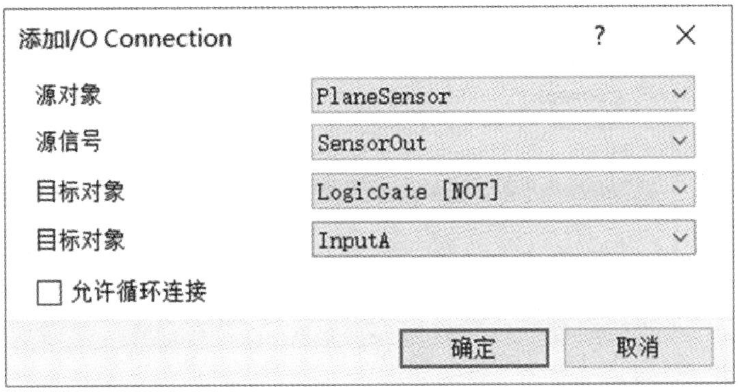

图 4-73

创建第五对 I/O 连接。LogicGate 子组件的输出可以触发 Source 子组件,使其自动生成一个复制件。一旦复制件离开传感器,传感器输出变为 0,此时 LogicGate 的输出为 1,触发 Source 子组件。

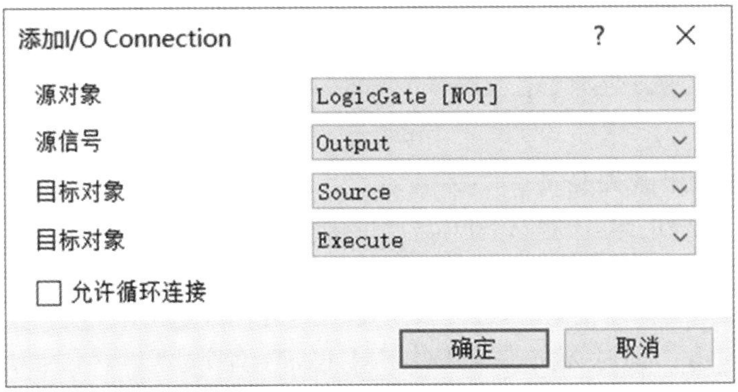

图 4-74

创建第六对 I/O 连接。传感器有输出信号时,会置位 DO_Box_Ready 输出信号,该信号可以告诉其他设备,货物准备就绪,已在指定位置。

图 4-75

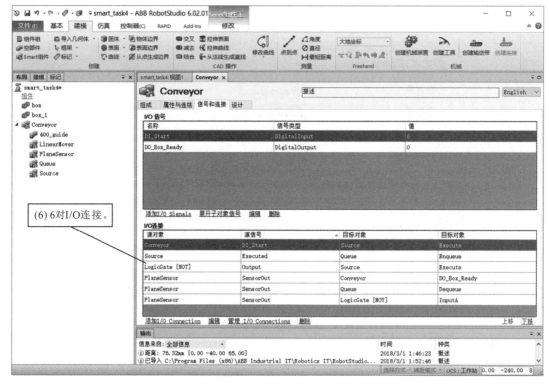

图 4-76

整个输送线的动作思路是:

(1)用启动信号 DI_Start 触发 Source 产生一个复制件;

(2)复制件加入队列 Queue 并随着队列运动;

(3)当复制件与传感器接触时,触发队列 Queue,复制件退出队列并停止运动,传感器输出 1,LogicGate 输出 0,同时,输出信号 DO_Box_Ready 置 1;

(4)当复制件被拿走,不与传感器接触时,传感器输出 0,LogicGate 输出 1,触发 Source 再产生一个复制件,并加入队列 Queue;

(5)进行一个新循环。

7. 仿真

接下来,我们对输送线 Smart 组件的效果进行仿真测试,如图 4-77 至图 4-80 所示。

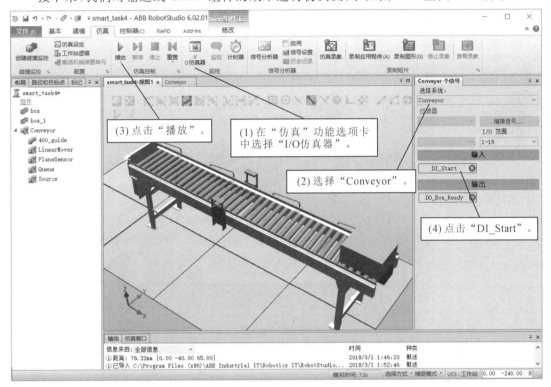

图 4-77

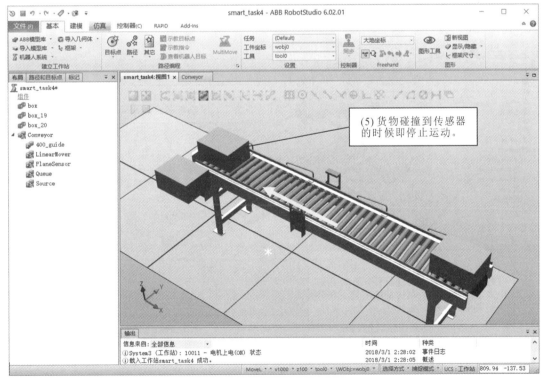

图 4-78

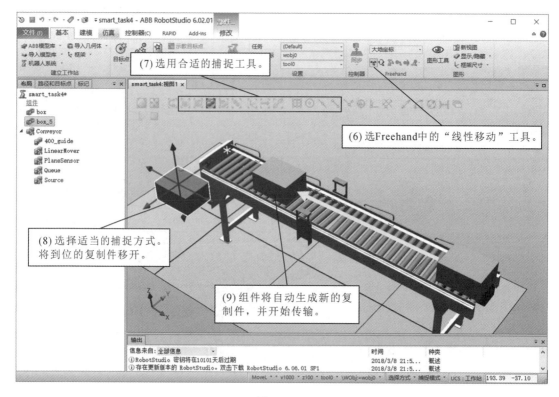

图 4-79

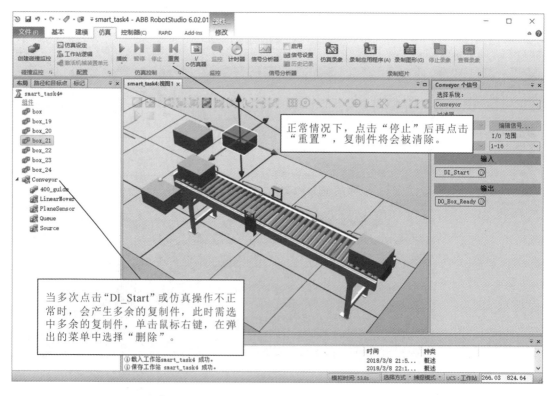

图 4-80

至此,输送线 Smart 组件就已经创建完成,可以与机器人或其他设备进行 I/O 通信和协同作业操作了。

注意:在手动删除复制件时,应注意复制件的名称通常是"源对象名称+数字",不可将源对象(如此例中的"box")删除,否则系统将无法再进行仿真。

任务 5　Smart 组件子组件概览

一个 Smart 组件可以由多个子组件组成,每个子组件具有特定的功能属性。这些子组件可以组成具备更复杂功能的用户自定义 Smart 组件。

下面列出 RobotStudio 中的六大类基本 Smart 组件,每一类基本 Smart 组件包含了多个子组件,并进行详细描述。

1. 信号和属性(Signal and Properties)

1) LogicGate

输出信号 Output 由输入信号 InputA 和 InputB 的 Operator 设置指定逻辑运算获得,可使用的逻辑运算符有 AND、OR、XOR、NOT、NOP,输出信号的延迟时间在 Delay 中设置。

2) LogicExpression

评估逻辑表达式。String 是要评估的表达式。Operator 可用的逻辑运算符有 AND、OR、NOT、XOR。Output 为评估结果。

3) LogicMux

依照 Output = (Input A * NOT Selector) + (Input B * Selector)设定 Output。当 Selector 为 Low 时,选中第一个输入信号;当 Selector 为 High 时,选中第二个输入信号。

4) LogicSplit

LogicSplit 获得 Input,并将 OutputHigh 设为与 Input 相同,将 OutputLow 设为与 Input 相反。Input 设为 High 时,PulseHigh 发出脉冲;Input 设为 Low 时,PulseLow 发出脉冲。

5) LogicSRLatch

LogicSRLatch 用于置位/复位信号,并具有锁定功能。Set 设置输出信号。Reset 复位输出信号。Output 指定输出信号。InvOutput 指定反转输出信号。

6) Converter

在属性值和信号值之间转换。AnalogProperty 转换为 AnalogOutput。DigitalProperty 转换为 DigitalOutput。GroupProperty 转换为 GroupOutput。BooleanProperty 由 DigitalInput 转换为 DigitalOutput。DigitalInput 转换为 DigitalProperty。AnalogInput 转换为 AnalogProperty。GroupInput 转换为 GroupProperty。

7) VectorConverter

在 Vector3 和 X、Y、Z 值之间转换。X 指定 Vector 的 X 值,Y 指定 Vector 的 Y 值,Z 指定 Vector 的 Z 值,Vector 指定向量值。

8) Expression

表达式包括数字字符(包括 Pi),圆括号,数学运算符+、-、*、/、^(幂)和数学函数 sin、

cos、sqrt、atan、abs。任何其他字符串均被视作变量,作为添加的附加信息。结果将显示在 Result 框中。Expression 指定要计算的表达式,Result 显示计算结果,NNN 指定自动生成的变量。

9)Comparer

Comparer 使用 Operator 将第一个值和第二个值进行比较,当满足条件时将 Output 设为 1。ValueA 指定第一个值,ValueB 指定第二个值。Operator 指定比较运算符,包括 ==、!=、>、>=、<、<=。当比较结果为 True 时,Output 表示为 True,否则表示为 False。

10)Counter

设置输入信号 Increase 时,Count 增加;设置输入信号 Decrease 时,Count 减少;设置输入信号 Reset 时,Count 被重置。Count 指定当前值。当 Increase 信号设为 True 时,将在 Count 中加 1。当 Decrease 该信号设为 True 时,将在 Count 中减 1。当 Reset 设为 High 时,将 Count 复位为 0。

11)Repeater

脉冲 Output 信号的 Count 次数。Count 为脉冲输出信号的次数。Execute 设置为 High(1),以计算脉冲输出信号的次数。Output 为输出脉冲。

12)Timer

指定间隔脉冲 Output 信号。

如果未选中 Repeat,在 Interval 中指定的间隔后将触发一个脉冲;若选中,在 Interval 指定的间隔后重复触发脉冲。StartTime 指定触发第一个脉冲前的时间。Interval 指定每个脉冲间的仿真时间。Repeat 指定信号是重复还是仅执行一次。CurrentTime 指定当前仿真时间。Active 信号设为 True 时启用 Timer,设为 False 时停用 Timer。Output 指在指定时间间隔后发出脉冲。

13)StopWatch

StopWatch 计量仿真的时间(TotalTime)。触发 LapTime 输入信号将开始新的循环。

LapTime 显示当前单圈循环的时间。只有 Active 设为 1 时才开始计时。当设置 Reset 输入信号时,时间将被重置。TotalTime 指定累计时间。AutoReset 如果设为 True,当仿真开始时 TotalTime 和 LapTime 将被设为 0。Active 设为 True 时启用 StopWatch,设为 False 时停用 StopWatch。当 Reset 信号为 High 时,将重置 TotalTme 和 LapTime。Lap 指开始新的循环。

2. 参数建模(Parametric Primitives)

1)ParametricBox

ParametricBox:生成一个指定长度、宽度和高度尺寸的方框。SizeX 沿 X 轴方向指定该盒形固体的长度。SizeY 沿 Y 轴方向指定该盒形固体的宽度。SizeZ 沿 Z 轴方向指定该盒形固体的高度。GeneratedPart 指定生成的部件。KeepGeometry 设置为 False 时将删除生成部件中的几何信息,这样可以使其他组件如 Source 等执行更快。设置 Update 信号为 1 时更新生成的部件。

2)ParametricCircle

ParametricCircle:根据给定的半径生成一个圆。Radius 指定圆的半径。GeneratedPart

指定生成的部件。GeneratedWire 指定生成的线框。KeepGeometry 设置为 False 时将删除生成部件中的几何信息,这样可以使其他组件如 Source 等执行更快。设置 Update 信号为 1 时更新生成的部件。

3) ParametricCylinder

ParametricCylinder:根据给定的半径和高度生成一个圆柱体。Radius 指定圆柱的半径。Height 指定圆柱的高度。GeneratedPart 指定生成的部件。KeepGeometry 设置为 False 时将删除生成部件中的几何信息,这样可以使其他组件如 Source 等执行更快。设置 Update 信号为 1 时更新生成的部件。

4) ParametricLine

ParametricLine:根据给定端点和长度生成线段。如果端点或长度发生变化,生成的线段将随之更新。EndPoint 指定线段的端点。Length 指定线段的长度。GeneratedPart 指定生成的部件。GeneratedWire 指定生成的线框。KeepGeometry 设置为 False 时将删除生成部件中的几何信息,这样可以使其他组件如 Source 等执行更快。设置 Update 信号为 1 时更新生成的部件。

5) LinearExtrusion

LinearExtrusion:沿着指定要拉伸的方向拉伸面或线。SourceFace 指定要拉伸的面。SourceWire 指定要拉伸的线。Projection 指定要拉伸的方向。GeneratedPart 指定生成的部件。KeepGeometry 设置为 False 时将删除生成部件中的几何信息,这样可以使其他组件如 Source 等执行更快。

6) CircularRepeater

CircularRepeater:根据给定的角度沿组件的中心创建指定对象的一定数量的复制件。Source 指定要复制的对象。Count 指定要创建的复制件的数量。Radius 指定圆的半径。DeltaAngle 指定复制件间的角度。

7) LinearRepeater

LinearRepeater:根据指定的间隔和方向创建指定对象的一定数量的复制件。Source 指定要复制的对象。Offset 指定复制件间的距离。Count 指定要创建的复制件的数量。

8) MatrixRepeater

MatrixRepeater:在三维环境中以指定的间隔创建指定对象的指定数量的复制件。Source 指定要复制的对象。CountX 指定在 X 轴方向上复制件的数量。CountY 指定在 Y 轴方向上复制件的数量。CountZ 指定在 Z 轴方向上复制件的数量。OffsetX 指定在 X 轴方向上复制件间的偏移。OffsetY 指定在 Y 轴方向上复制件间的偏移。OffsetZ 指定在 Z 轴方向上复制件间的偏移。

3. 传感器(Sensors)

1) CollisionSensor

CollisionSensor:检测第一个对象和第二个对象间的碰撞和接近丢失。如果其中一个对象没有指定,将检测另外一个对象在整个工作站中的碰撞。当 Active 信号为 High、发生碰撞或接近丢失并且组件处于活动状态时,设置 SensorOut 信号并在属性编辑器的第一个碰撞部件和第二个碰撞部件中报告发生碰撞或接近丢失的部件。详细说明如表 4-1 所示。

表 4-1　CollisionSensor 信号和属性描述

项　目		描　述
属性	Object1	检测碰撞的第一个对象
	Object2	检测碰撞的第二个对象
	NearMiss	指定接近丢失的距离
	Part1	第一个对象发生碰撞的部件
	Part2	第二个对象发生碰撞的部件
	CollisionType	◆ None ◆ Nearmiss ◆ Collision
信号	Active	指定 CollisionSensor 是否激活
	SensorOut	当发生碰撞或接近丢失时为 True

2）LineSensor

LineSensor：根据 Start、End 和 Radius 定义一条线段。当 Active 信号为 High 时,传感器将检测与该线段相交的对象。相交的对象显示在 SensedPart 属性中,距离 LineSensor 起点最近的相交点显示在 SensedPoint 属性中。出现相交时,将设置 SensorOut 输出信号。详细说明如表 4-2 所示。

表 4-2　LineSensor 信号和属性描述

项　目		描　述
属性	Start	指定起始点
	End	指定结束点
	Radius	指定半径
	SensedPart	指定与 LineSensor 相交的部件。如果有多个部件相交,则列出距其起始点最近的部件
	SensedPoint	指定相交对象上的点,距离起始点最近
信号	活动	指定 LineSensor 是否激活
	SensorOut	当传感器与某一对象相交时为 True

3）PlaneSensor

PlaneSensor：通过 Origin、Axis1 和 Axis2 定义一个平面。设置 Active 输入信号时,传感器会检测与该平面相交的对象。相交的对象将显示在 SensedPart 属性中。出现相交时,将设置 SensorOut 输出信号。详细说明如表 4-3 所示。

表 4-3　PlaneSensor 信号和属性描述

项　目		描　述
属性	Origin	指定平面的原点
	Axis1	指定平面的第一个轴
	Axis2	指定平面的第二个轴
	SensedPart	指定与 PlaneSensor 相交的部件。如果多个部件相交，则在布局浏览器中第一个显示的部件将被选中
信号	Active	指定 PlaneSensor 是否被激活
	SensorOut	当传感器与某一对象相交时为 True

4）VolumeSensor

VolumeSensor：检测完全或部分位于箱体内的对象。箱体用角点、长、高、宽和方位角定义。详细说明如表 4-4 所示。

表 4-4　VolumeSensor 信号和属性描述

项　目		描　述
属性	CornerPoint	指定箱体的本地原点
	Orientation	指定对象相对于参考坐标系和对象的方向（欧拉 ZYX）
	Length	指定箱体的长度
	Width	指定箱体的宽度
	Height	指定箱体的高度
	Percentage	做出反应的体积百分数。若设为 0，则对所有对象做出反应
	PartialHit	允许仅当对象的一部分位于 VolumeSensor 内时，才侦测对象
	SensedPart	最近进入或离开箱体的对象
	SensedParts	在箱体中检测到的对象
	VolumeSensed	侦测的总体积
信号	Active	若设为"High(1)"，将激活传感器
	ObjectDetectedOut	当在箱体内检测到对象时，将变为"High(1)"。在检测到对象后，将立即被重置
	ObjectDeletedOut	当检测到对象离开箱体时，将变为"High(1)"。在对象离开箱体后，将立即被重置
	SensorOut	当箱体被充满时，将变为"High(1)"

5）PositionSensor

PositionSensor：监视对象的位置和方向。对象的位置和方向仅在仿真期间被更新。详细说明如表 4-5 所示。

161

表 4-5　PositionSensor 信号和属性描述

属性	描述
Object	指定要进行映射的对象
Reference	指定参考坐标系(局部坐标系或世界坐标系)
ReferenceObject	指定参考对象
Position	指定对象相对于参考坐标系和参考对象的位置
Orientation	指定对象相对于参考坐标系和参考对象的方向(欧拉 ZYX)

6) ClosestObject

ClosestObject:定义参考对象或参考点。设置 Execute 输入信号时,组件会找到 ClosestObject、ClosestPart 和相对于参考对象或参考点的 Distance(如未定义参考对象)。如果定义了 RootObject,则会将搜索的范围限制为该对象和其同源的对象。完成搜索并更新了相关属性时,将设置 Executed 输出信号。详细说明如表 4-6 所示。

表 4-6　ClosestObject 信号和属性描述

项　目		描　述
属性	ReferenceObject	指定对象,查找距该对象最近的对象
	ReferencePoint	指定点,查找距该点最近的对象
	RootObject	指定对象,查找其子对象。该属性为空表示在整个工作站内查找
	ClosestObject	指定距参考对象或参考点最近的对象
	ClosestPart	指定距参考对象或参考点最近的部件
	Distance	指定参考对象和最近的对象之间的距离
信号	Execute	该信号设为 True 时开始查找最近的部件
	Executed	当完成时发出脉冲

4. 动作

1) Attacher

设置 Execute 输入信号时,Attacher 将子对象安装到父对象上。如果父对象为机械装置,还必须指定要安装的法兰。如果选中 Mount,还会使用指定的 Offset 和 Orientation 将子对象装配到父对象上。完成时,将设置 Executed 输出信号。详细说明如表 4-7 所示。

表 4-7　Attacher 信号和属性描述

项　目		描　述
属性	Parent	指定子对象要安装在哪个对象上
	Flange	指定要安装在机械装置的哪个法兰(编号)上
	Child	指定要安装的对象
	Mount	如果为 True,子对象装配在父对象上
	Offset	当使用 Mount 时,指定相对于父对象的位置
	Orientation	当使用 Mount 时,指定相对于父对象的方向

项　目		描　述
信号	Execute	设为 True 时进行安装
	Executed	当完成时发出脉冲

2）Detacher

设置 Execute 输入信号时，Detacher 会将子对象从其所安装的父对象上拆除。如果选中了 KeepPosition，位置将保持不变；否则相对于其父对象放置子对象的位置。完成时，将设置 Executed 输出信号。详细说明如表 4-8 所示。

表 4-8　Detacher 信号和属性描述

项　目		描　述
属性	Child	指定要拆除的对象
	KeepPosition	如果为 False，被安装的对象将返回其原始的位置
信号	Execute	该信号设为 True 时拆除安装的物体
	Executed	当完成时发出脉冲

3）Source

源组件的 Source 属性指定在收到 Execute 输入信号时应复制的对象。所复制对象的父对象由 Parent 属性定义，而 Copy 属性则指定所复制对象的参考。输出信号 Executed 表示复制已完成。详细说明如表 4-9 所示。

表 4-9　Source 信号和属性描述

项　目		描　述
属性	Source	指定要复制的对象
	Copy	指定所复制对象的参考
	Parent	指定要复制的父对象。如果未指定，则将复制与源对象相同的父对象
	Position	指定复制件相对于其父对象的位置
	Orientation	指定复制件相对于其父对象的方向
	Transient	如果在仿真时创建了复制件，将其标记为瞬时的。这样的复制件不会被添加至撤销队列中且在仿真停止时自动被删除。这样可以避免在仿真过程中过分消耗内存
信号	Execute	该信号设为 True 时创建对象的复制件
	Executed	当完成时发出脉冲

4）Sink

Sink 会删除 Object 属性参考的对象。收到 Execute 输入信号时开始删除，删除完成时设置 Executed 输出信号。详细说明如表 4-10 所示。

表 4-10　Sink 信号和属性描述

项　目		描　述
属性	Object	指定要删除的对象
信号	Execute	该信号设为 True 时删除对象
	Executed	当完成时发出脉冲

5）Show

设置 Execute 输入信号时,将显示 Object 中参考的对象。完成时,将设置 Executed 输出信号。详细说明如表 4-11 所示。

表 4-11　Show 信号和属性描述

项　目		描　述
属性	Object	指定要显示的对象
信号	Execute	该信号设为 True 时显示对象
	Executed	当完成时发出脉冲

6）Hide

设置 Execute 输入信号时,将隐藏 Object 中参考的对象。完成时,将设置 Executed 输出信号。详细说明如表 4-12 所示。

表 4-12　Hide 信号和属性描述

项　目		描　述
属性	Object	指定要隐藏的对象
信号	Execute	该信号设为 True 时隐藏对象
	Executed	当完成时发出脉冲

5. 本体 (Manipulator)

1）LinearMover

LinearMover 会按指定的移动速度,沿指定的方向,移动指定的对象。设置 Execute 输入信号时开始移动,重设 Execute 时停止。详细说明如表 4-13 所示。

表 4-13　LinearMover 信号和属性描述

项　目		描　述
属性	Object	指定要移动的对象
	Direction	指定要移动对象的方向
	Speed	指定移动速度
	Reference	指定参考坐标系。可以是世界坐标系、本地坐标系或物体坐标系
	ReferenceObject	如果将 Reference 设置为 Object,则指定参考对象
信号	Execute	该信号设为 True 时开始移动对象,设为 False 时停止

2) Rotator

Rotator 会按指定的旋转速度旋转指定的对象。旋转轴通过 CenterPoint 和 Axis 进行定义。设置 Execute 输入信号时开始运动，重设 Execute 时停止。详细说明如表 4-14 所示。

表 4-14　Rotator 信号和属性描述

项　目		描　述
属性	Object	指定要旋转的对象
	CenterPoint	指定旋转围绕的点
	Axis	指定旋转轴
	Speed	指定旋转速度
	Reference	指定参考坐标系。可以是世界坐标系、本地坐标系或物体坐标系
	ReferenceObject	如果将 Reference 设置为 Object，则指定相对于 CenterPoint 和 Axis 的参考对象
信号	Execute	该信号设为 True 时开始移动对象，设为 False 时停止

3) Positioner

Positioner 具有对象、位置和方向属性。设置 Execute 输入信号时，开始将对象放置于指定位置。完成时设置 Executed 输出信号。详细说明如表 4-15 所示。

表 4-15　Positioner 信号和属性描述

项　目		描　述
属性	Object	指定要放置的对象
	Position	指定对象要放置到的新位置
	Orientation	指定对象的新方向
	Reference	指定参考坐标系。可以是世界坐标系、本地坐标系或物体坐标系
	ReferenceObject	如果将 Reference 设置为 Object，则指定相对于 Position 和 Orientation 的参考对象
信号	Execute	该信号设为 True 时开始放置对象，设为 False 时停止
	Executed	当操作完成时设为 1

4) PoseMover

设置 Execute 输入信号时，机械装置的关节移向指定姿态。达到指定姿态时，设置 Executed 输出信号。详细说明如表 4-16 所示。

表 4-16　PoseMover 信号和属性描述

项　目		描　述
属性	Mechanism	指定要进行移动的机械装置
	Pose	指定要移动到的姿态的编号
	Duration	指定机械装置移动到指定姿态的时间

项　目		描　述
信号	Execute	设为 True 时,开始或重新开始移动机械装置
	Pause	暂停动作
	Cancel	取消动作
	Executed	当机械装置达到指定姿态时发出脉冲
	Executing	在运动过程中为 High
	Paused	在暂停时为 High

5）JointMover

当设置 Execute 输入信号时,机械装置的关节向指定的位姿移动。当达到位姿时,将设置 Executed 输出信号。使用 GetCurrent 信号可以重新找回机械装置当前的关节值。详细说明如表 4-17 所示。

表 4-17　JointMover 信号和属性描述

项　目		描　述
属性	Mechanism	指定要进行移动的机械装置
	Relative	指定 J1～Jx 是否是起始位置的相对值（而非绝对值）
	Duration	指定机械装置移动到指定位姿的时间
	J1～Jx	关节值
信号	GetCurrent	重新找回当前关节值
	Execute	设为 True 时,开始或重新开始移动机械装置
	Pause	暂停动作
	Cancel	取消运动
	Executed	当机械装置达到指定位姿时发出脉冲
	Executing	在运动过程中为 High
	Paused	在暂停时为 High

6. 其他(Others)

1）GetParent

GetParent:返回输入对象的父对象。找到父对象时,将触发 Executed 信号。Child 指定一个子对象。Parent 指定子对象的父级。如果父级存在,则 Output 为 High(1)。

注意:GetParent 的子对象列表并不显示工作站中的每一部分或每一对象。但如果在列表中未找到所需部分或对象,则可以在浏览器或图形窗口中单击所需部分或对象以进行添加。

2）GraphicSwitch

通过点击图形中的可见部件或重置输入信号在两个部件之间转换。PartHigh 在信号为 High 时显示。PartLow 在信号为 Low 时显示。Input 为输入信号。Output 为输出信号。

3）HighLighter

临时将所选对象显示为定义了 RGB 值的高亮颜色。高亮颜色混合了对象的原始颜色，通过 Opacity 进行定义。当信号 Active 被重设后，对象恢复原始颜色。Object 指定要高亮显示的对象。Color 指定高亮颜色的 RGB 值。Opacity 指定对象原始颜色和高亮颜色混合的程度。Active 为 True 时对象将高亮显示，为 False 时对象恢复为原始颜色。

4）Logger

打印输出窗口的信息。Format 为字符串，支持变量如｛id：type｝，类型可以为 d（double）、i（int）、s（string）、o（object）。Message 为信息。Severity 为信息级别：0（Information），1（Warning），2（Error）。Execute 设为 High(1)时打印信息。

5）MoveToViewPoint

设置 Execute 输入信号时，在指定时间内移动到选中的视角。当操作完成时，设置 Executed 输出信号。Viewpoint 指定要移动到的视角。Time 指定完成操作的时间。Execute 设为 High(1)时开始操作。当操作完成时，Executed 信号转为 High(0)。

6）ObjectComparer

比较 ObjectA 与 ObjectB 是否相同。ObjectA 指定要进行比较的组件 A。ObjectB 指定要进行比较的组件 B。如果 ObjectA 与 ObjectB 相同，则 Output 为 High。

7）Queue

表示 FIFO(first in，first out) 队列。当设置 Enqueue 输入信号时，指定对象将被添加到队列。当设置 Dequeue 输入信号时，队列的第一个对象将从队列中移除。如果队列中有多个对象，下一个对象将显示在前端。当设置 Clear 输入信号时，队列中所有对象将被删除。

如果 Transformer 组件以 Queue 组件作为对象，该组件将转换 Queue 组件中的内容而非 Queue 组件本身。Back 指定 Enqueue 的对象。Front 指定队列的第一个对象。Queue 包含队列元素的唯一 ID 编号。NumberOfObjects 指定队列中的对象数目。Enqueue 将在 Back 中的对象添加至队列末尾。Dequeue 将队列前端的对象移除。Clear 将队列中所有对象移除。Delete 将在队列前端的对象移除并将该对象从工作站移除。DeleteAll 清空队列并将所有对象从工作站中移除。

8）SoundPlayer

设置 Execute 输入信号时播放指定的声音文件，必须为".wav"文件。SoundAsset 指定要播放的声音文件，必须为".wav"文件。Execute 信号设为 High 时播放声音。

9）StopSimulation

设置 Execute 输入信号时停止仿真。Execute 信号设为 High 时停止仿真。

10）Random

设置 Execute 输入信号时，生成最大值与最小值之间的任意值。Min 指定最小值。Max 指定最大值。Value 用于在最大值和最小值之间任意指定一个值。Execute 信号设为 High 时生成新的任意值。当操作完成时 Executed 设为 High。

思考与实训

（1）如何利用 Smart 组件实现夹具的动态效果？

（2）如何利用 Smart 组件实现旋转工作台的动态效果？

项目5 带导轨和变位机的机器人系统的创建与应用

（1）学会创建带导轨的机器人系统。

（2）学会创建导轨运动轨迹并仿真运行。

（3）学会创建带变位机的机器人系统。

（4）学会创建变位机运动轨迹并仿真运行。

知识要点

（1）创建带导轨的机器人系统。

（2）创建带变位机的机器人系统。

（3）创建运动轨迹并仿真运行。

训练项目

（1）创建带导轨的机器人系统。

（2）创建带变位机的机器人系统。

任务1 创建带导轨的机器人系统

本任务主要介绍如何在 RobotStudio 软件中创建带导轨的机器人系统，创建简单的导轨运动轨迹并仿真运行。

1. 创建带导轨的机器人系统

创建带导轨的机器人系统过程如图 5-1 至图 5-13 所示。

创建一个空工作站，并导入机器人模型以及导轨模型。

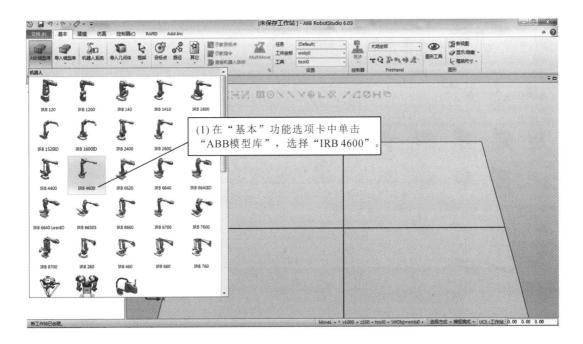

(1) 在"基本"功能选项卡中单击"ABB模型库",选择"IRB 4600"。

图 5-1

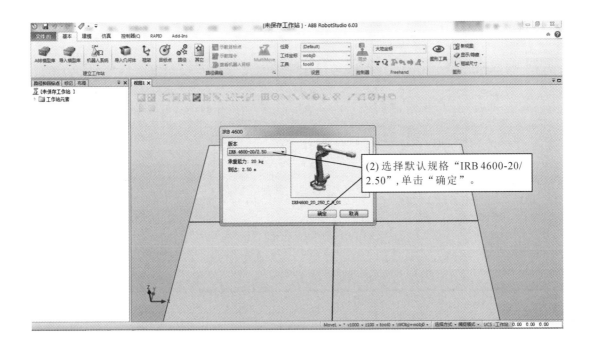

(2) 选择默认规格"IRB 4600-20/2.50",单击"确定"。

图 5-2

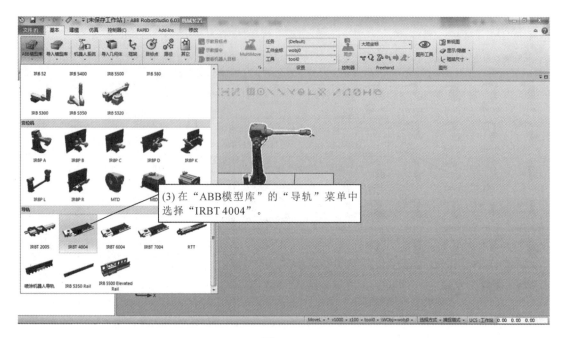

图 5-3

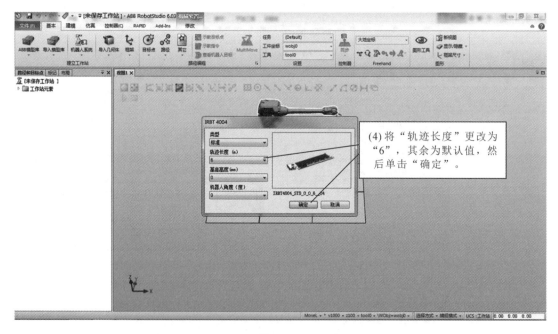

图 5-4

导轨各项参数说明如下。

（1）类型：指导轨"IRBT 4004"的类型，有标准、已映射、双精度（第一）、双精度（第二）共 4 种。

（2）轨迹长度：指导轨的可运行长度。

（3）基座高度:指导轨上面再加装机器人底座的高度。

（4）机器人角度:指加装的机器人底座方向,有 0°和 90°可选择。

在"布局"窗口将机器人安装在导轨上面。

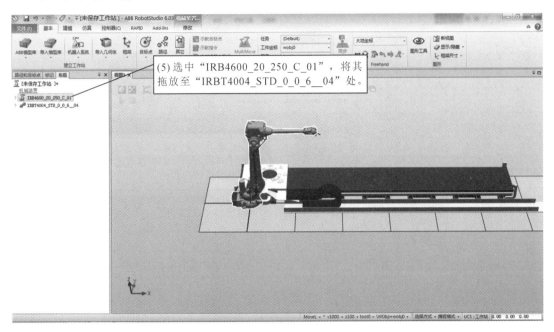

图 5-5

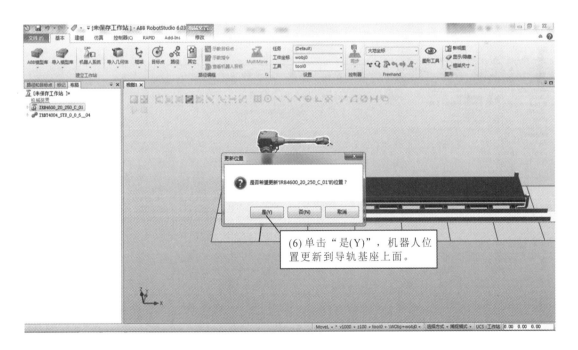

图 5-6

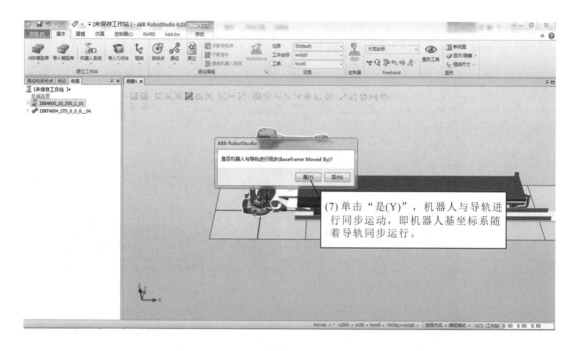

图 5-7

安装完成后,创建机器人系统。在创建带外轴的机器人系统时,建议使用从布局创建系统,这样在创建过程中,会自动添加相应的控制选项以及驱动选项,无需自己配置。

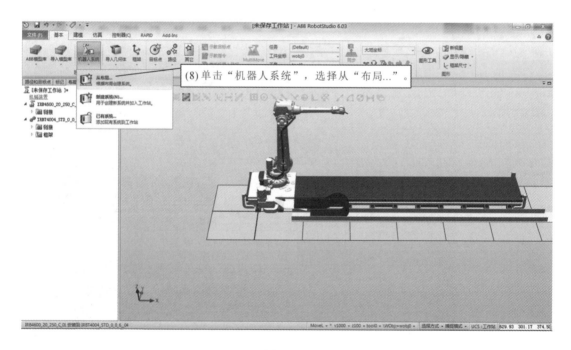

图 5-8

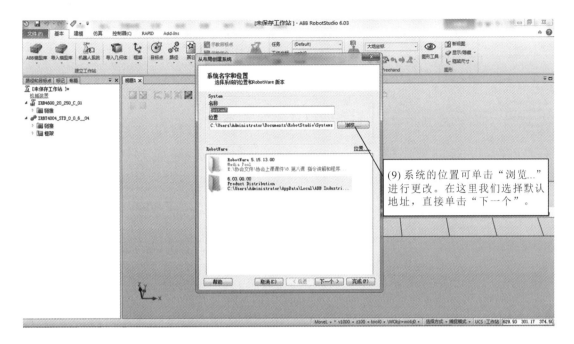

(9) 系统的位置可单击"浏览…"
进行更改。在这里我们选择默认
地址，直接单击"下一个"。

图 5-9

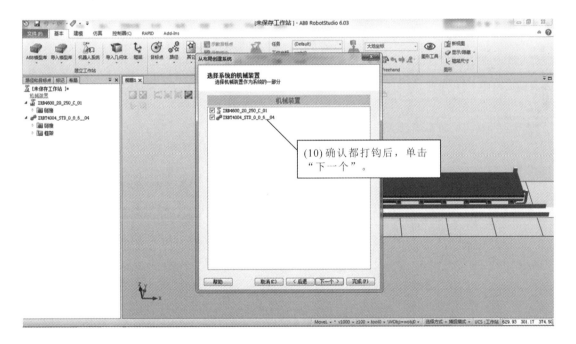

(10) 确认都打钩后，单击
"下一个"。

图 5-10

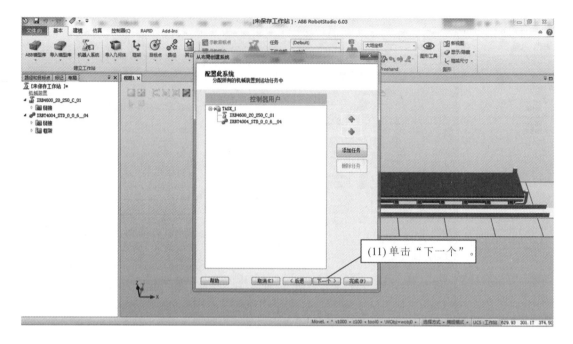

图 5-11

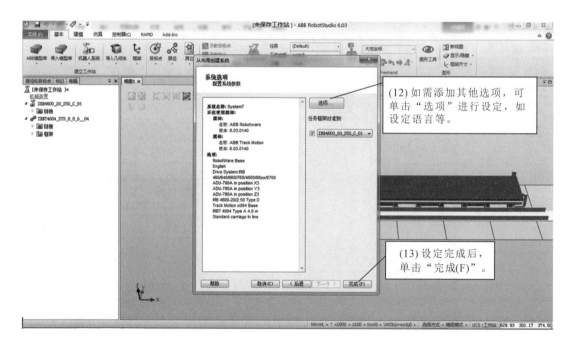

图 5-12

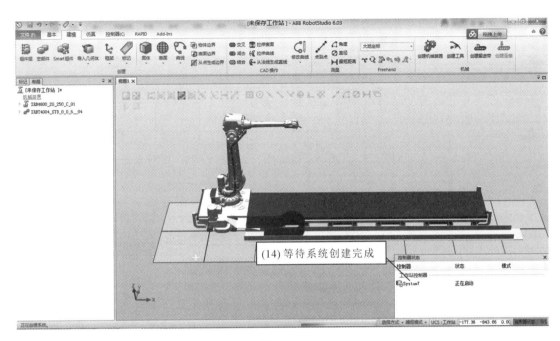

图 5-13

2. 创建运动轨迹并仿真运行

导轨作为机器人的外轴,在示教目标点时,可以保存机器人的位置数据和导轨的位置数据。下面就在此系统中创建几个简单的目标点,生成运动轨迹,使机器人与导轨同步运动,并进行仿真运行。其操作步骤如图 5-14 至图 5-22 所示。

将机器人原点位置作为运动的初始位置,通过示教目标点将此位置记录下来。

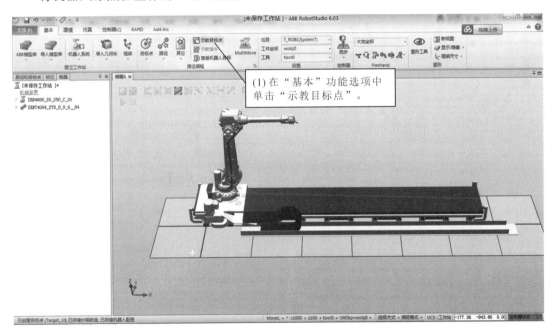

图 5-14

用鼠标左键手动拖动机器人以及导轨运动到另一位置,并用示教目标点记录该位置。

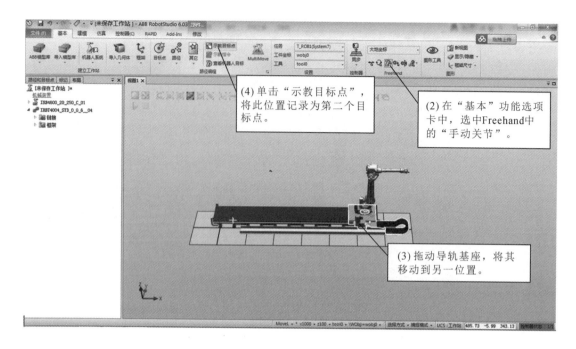

图 5-15

接下来在这两个目标点间生成运动轨迹。

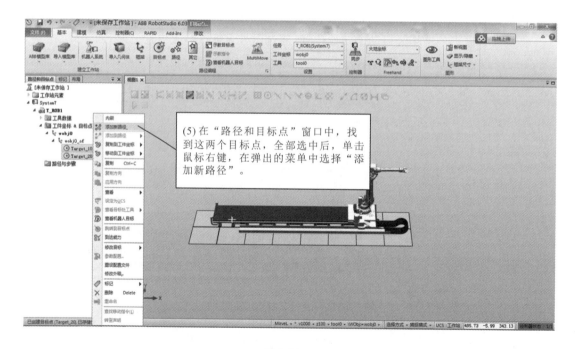

图 5-16

为生成的路径"Path_10"配置参数。

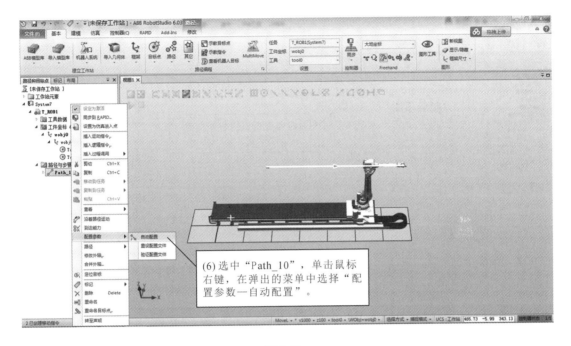

图 5-17

将此轨迹同步到 RAPID。

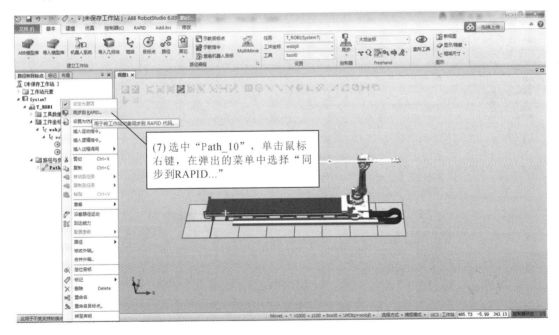

图 5-18

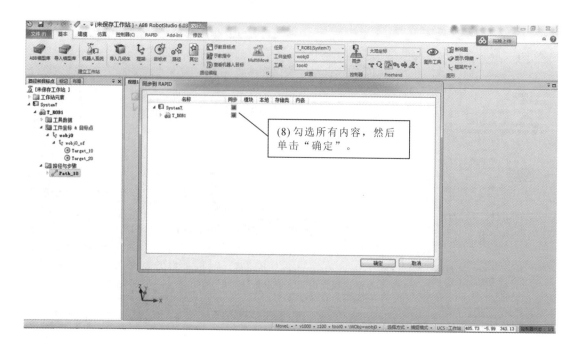

图 5-19

接下来进行仿真设置。

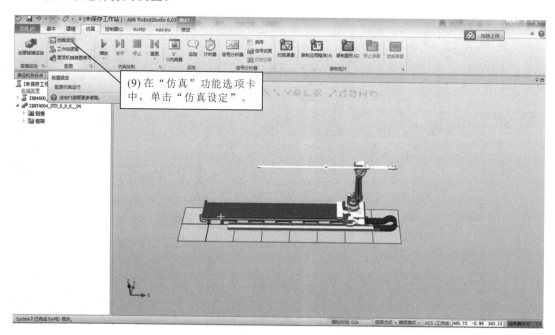

图 5-20

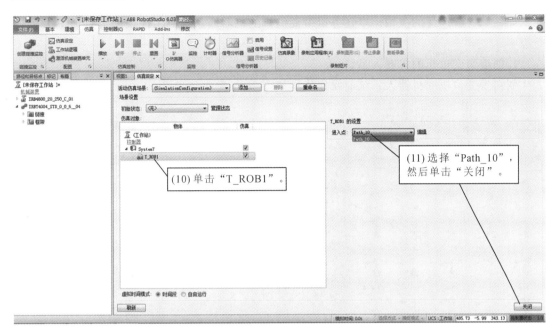

图 5-21

然后进行仿真运行。

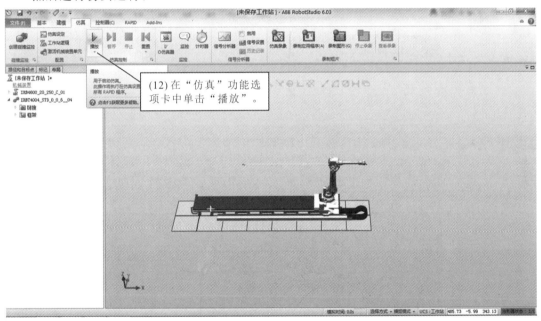

图 5-22

可以观察到机器人与导轨实现了同步运行。

任务 2　创建带变位机的机器人系统

在机器人应用中，变位机可改变加工工件的姿态，从而增大机器人的工作范围，在焊接、切割等领域有着广泛的应用。本任务以带变位机的机器人系统对工件表面进行加工为例进行教学。

1. 创建带变位机的机器人系统

创建带变位机的机器人系统的操作步骤如图 5-23 至图 5-41 所示。

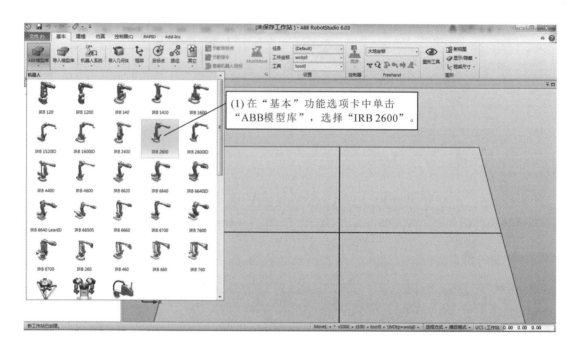

图 5-23

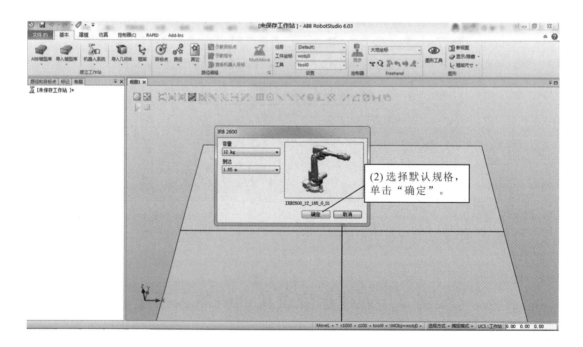

图 5-24

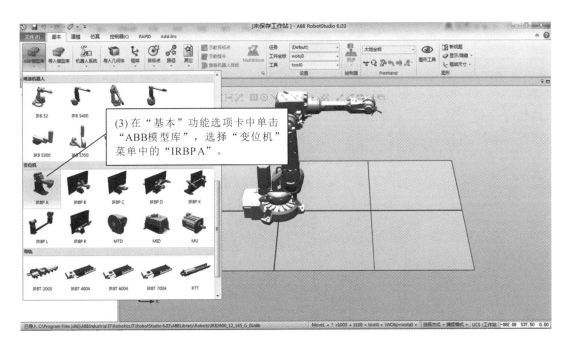

图 5-25

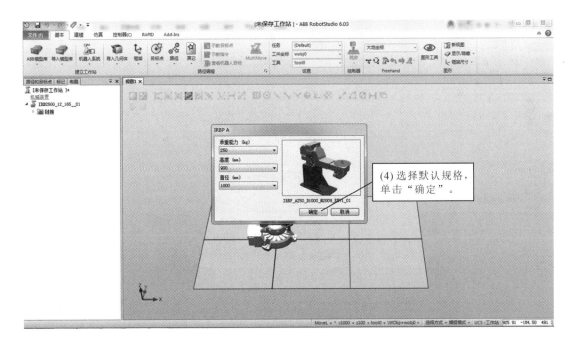

图 5-26

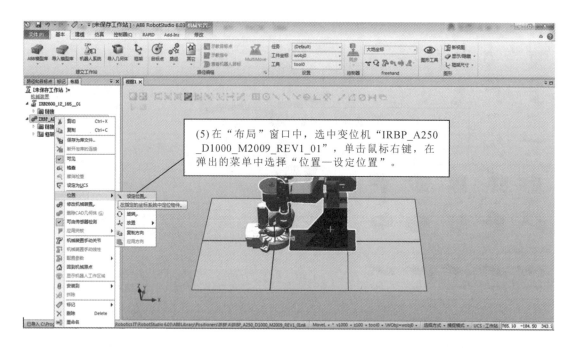

(5) 在"布局"窗口中，选中变位机"IRBP_A250_D1000_M2009_REV1_01"，单击鼠标右键，在弹出的菜单中选择"位置—设定位置"。

图 5-27

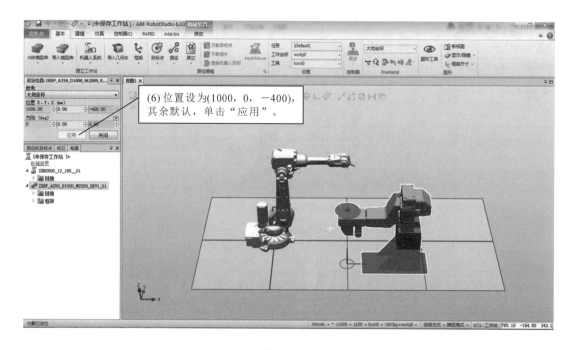

(6) 位置设为(1000，0，−400)，其余默认，单击"应用"。

图 5-28

接下来为机器人安装一个工具。

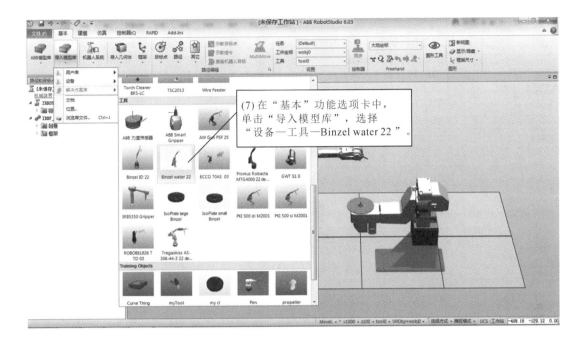

图 5-29

然后将工具安装到机器人法兰盘上。

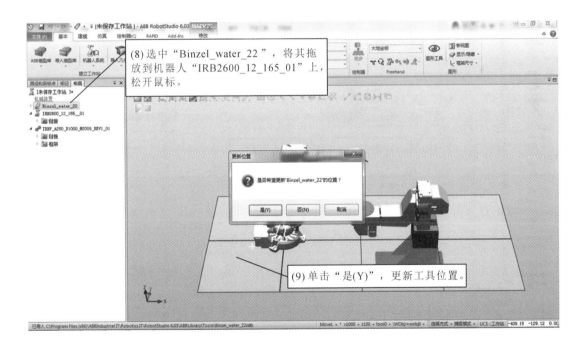

图 5-30

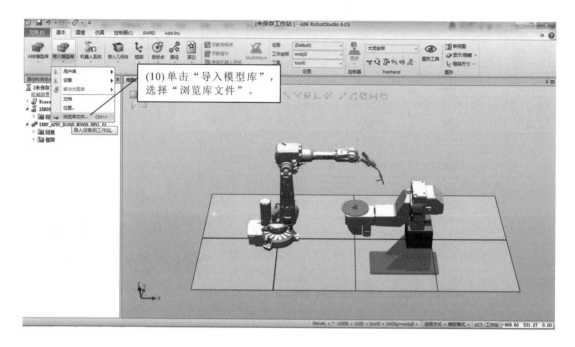

(10) 单击"导入模型库"，选择"浏览库文件"。

图 5-31

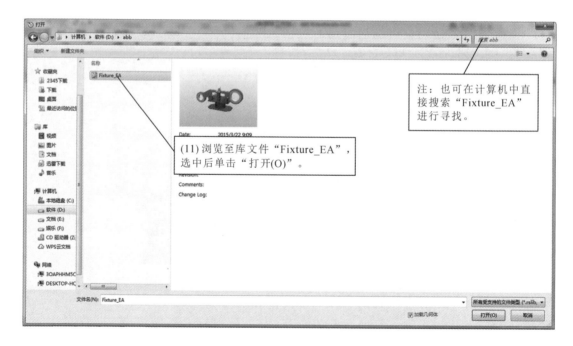

注：也可在计算机中直接搜索"Fixture_EA"进行寻找。

(11) 浏览至库文件"Fixture_EA"，选中后单击"打开(O)"。

图 5-32

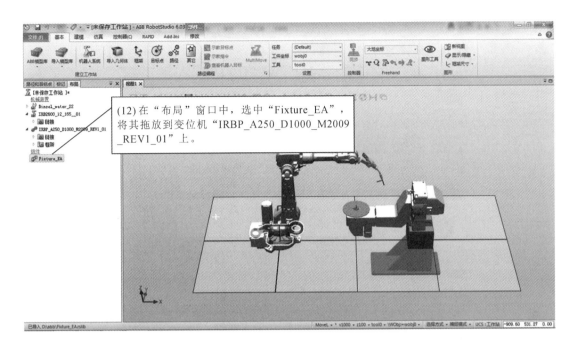

图 5-33

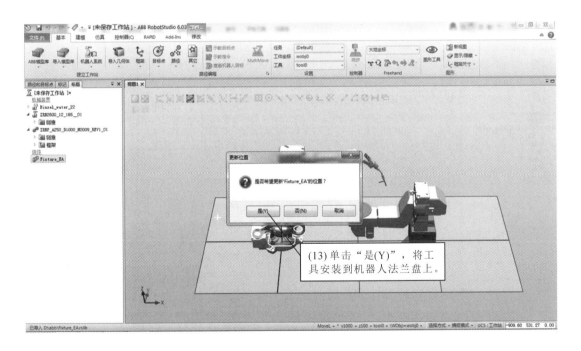

图 5-34

接下来添加先导式溢流阀工具。

图 5-35

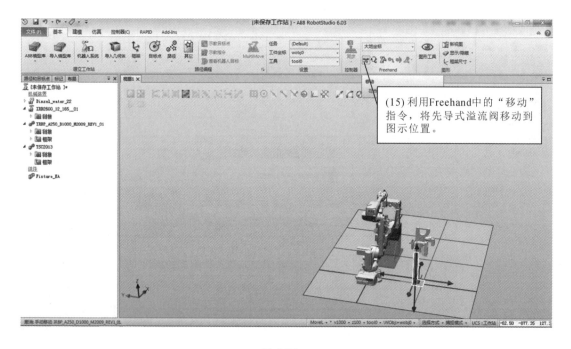

图 5-36

接下来创建机器人系统。

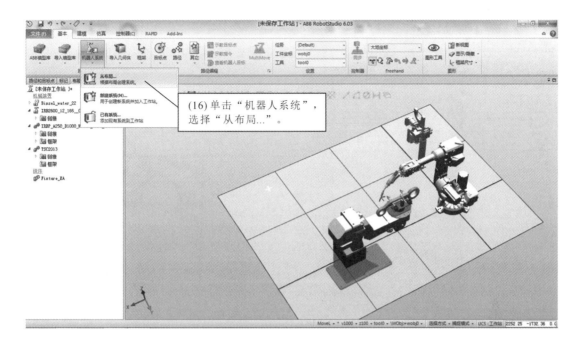

(16) 单击"机器人系统",选择"从布局..."。

图 5-37

(17) 系统位置可单击"浏览"进行更改。在这里我们选择默认地址,直接单击"下一个"。

图 5-38

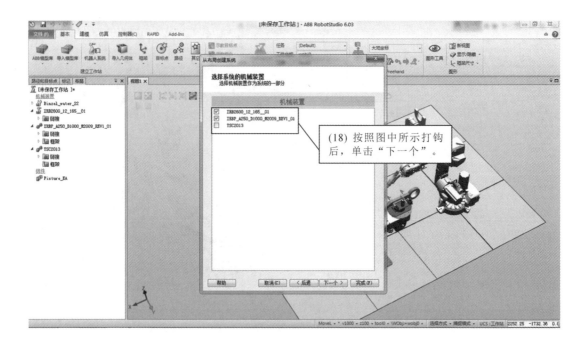

图 5-39

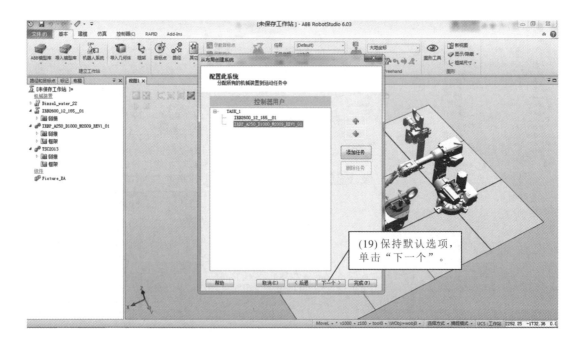

图 5-40

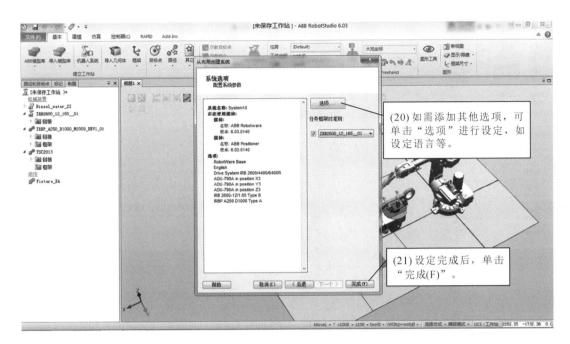

图 5-41

2. 创建运动轨迹并仿真运行

使用示教目标点的方法,对工件的大圆孔部位进行轨迹处理,创建运动轨迹并仿真运行。其操作步骤如图 5-42 至图 5-62 所示。

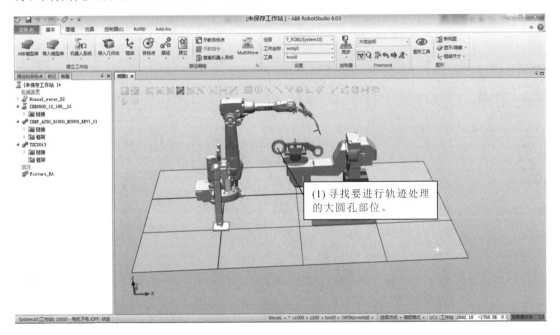

图 5-42

在带变位机的机器人系统中示教目标点时,需要保证变位机处于激活状态,这样才可以将变位机的数据记录下来。

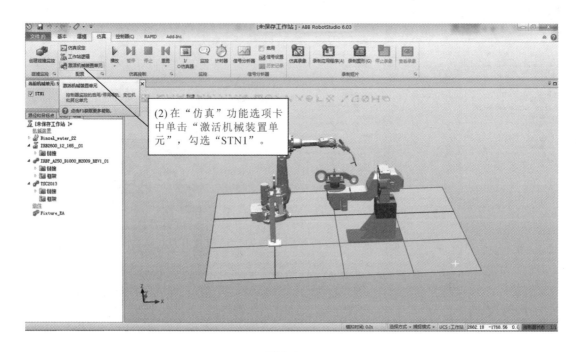

(2) 在"仿真"功能选项卡中单击"激活机械装置单元",勾选"STN1"。

图 5-43

设置完成后,在示教目标点时才可记录变位机关节数据。

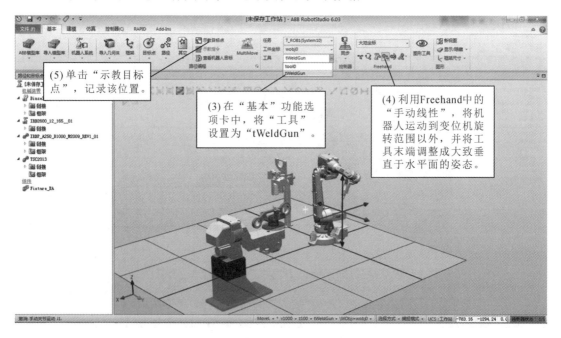

(5) 单击"示教目标点",记录该位置。

(3) 在"基本"功能选项卡中,将"工具"设置为"tWeldGun"。

(4) 利用Freehand中的"手动线性",将机器人运动到变位机旋转范围以外,并将工具末端调整成大致垂直于水平面的姿态。

图 5-44

接下来将变位机关节 1 旋转 90°。

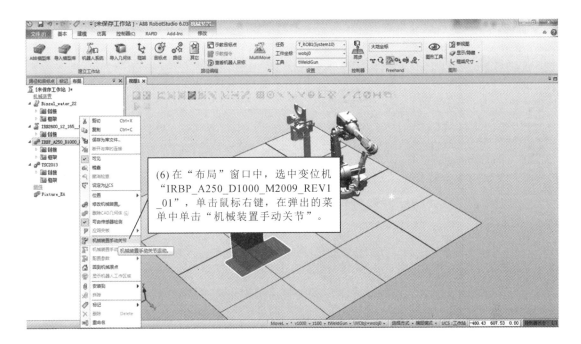

图 5-45

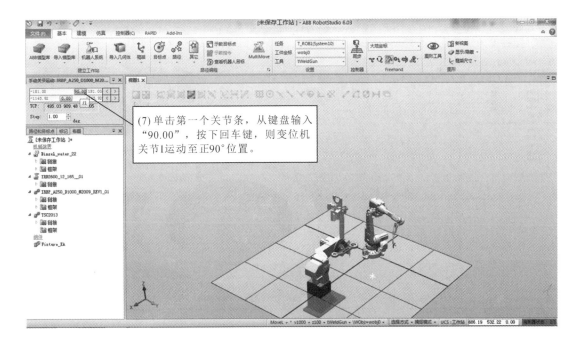

图 5-46

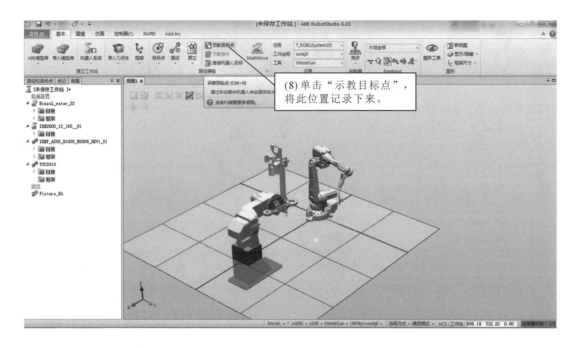

图 5-47

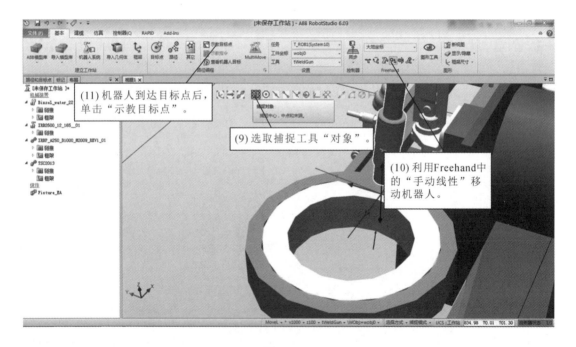

图 5-48

利用 Freehand 中的"手动线性"工具,并配合"捕捉对象",逆时针依次示教图示工件表面的 5 个目标点。

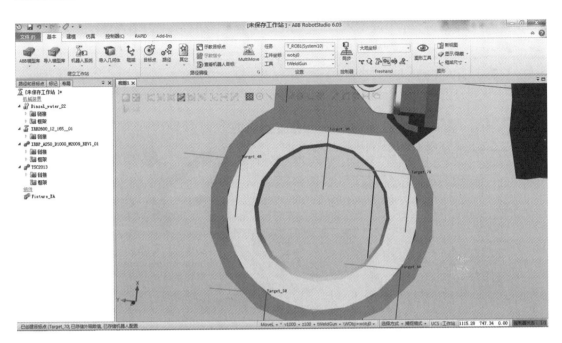

图 5-49

示教完成后,则前后一共示教了 7 个目标点,按照 Target_10 → Target_20 → Target_30 → Target_40 → Target_50 → Target_60 → Target_70 → Target_30 → Target_20 → Target_10 的顺序来生成机器人运动轨迹。

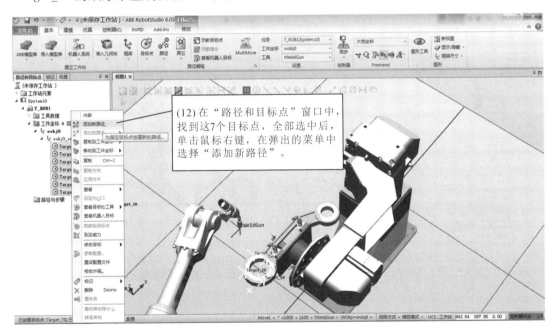

(12) 在"路径和目标点"窗口中,找到这7个目标点,全部选中后,单击鼠标右键,在弹出的菜单中选择"添加新路径"。

图 5-50

接下来完善机器人运动路径,在"MoveL Target_70"指令之后,依次添加"MoveL Target_30""MoveL Target_20""MoveL Target_10"指令。

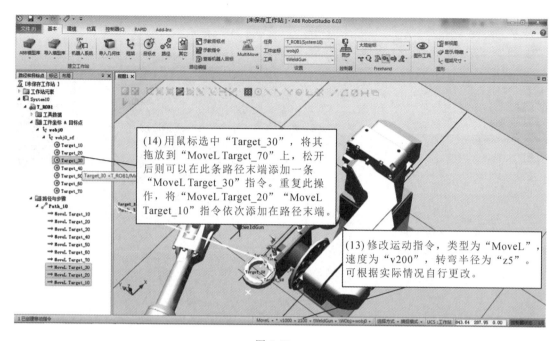

图 5-51

在这条运动轨迹中有两段圆弧,将其运动指令类型更改为 MoveC。

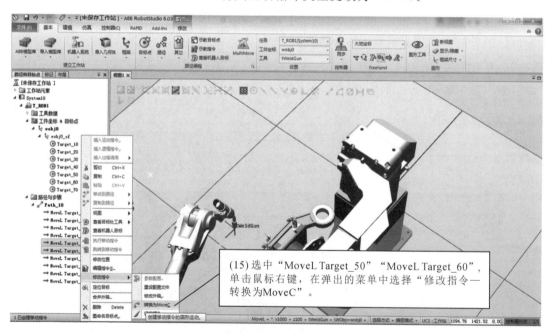

图 5-52

重复上述步骤,将之后的"MoveL Target_70""MoveL Target_30"的指令类型也转换成MoveC。

然后将运动轨迹前后接近和离开运动指令(开头的 MoveL Target_10、MoveL Target_20 和最后的 MoveL Target_10)的类型修改为 MoveJ。

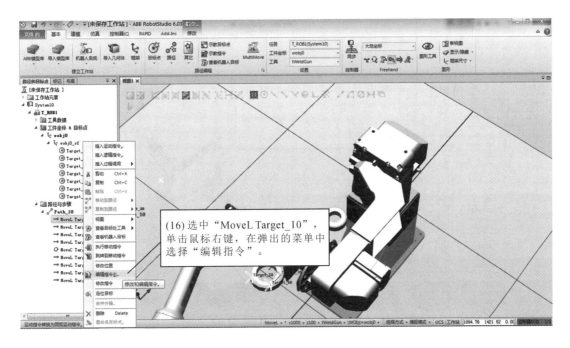

图 5-53

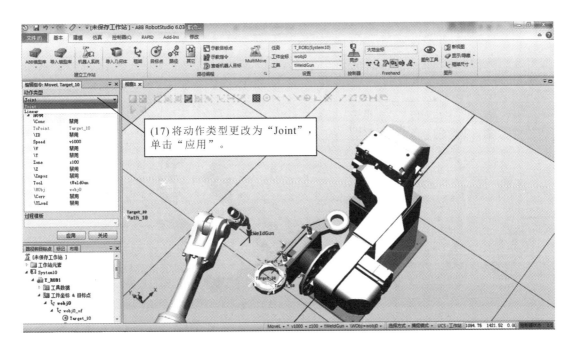

图 5-54

接下来还需要添加外轴控制指令 ActUnit 和 DeactUnit，控制变位机的激活与失效。

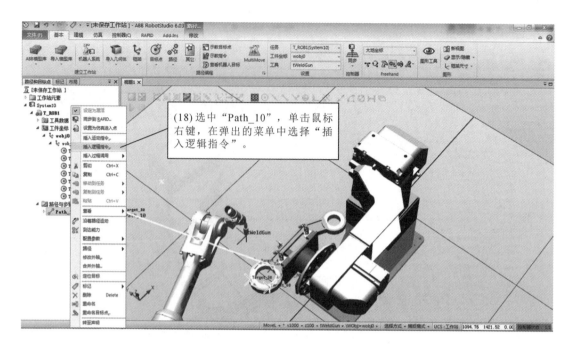

图 5-55

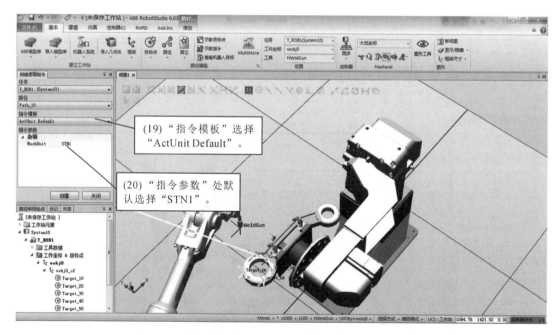

图 5-56

完成上述步骤,则在"Path_10"的第一行加入了 ActUnit STN1 指令。

仿照上述步骤,在"Path_10"的最后一行单击鼠标右键,在弹出的菜单中选择"插入逻辑指令",添加 DeactUnit STN1 指令。

设置完成后的最终运动轨迹如图 5-57 所示。

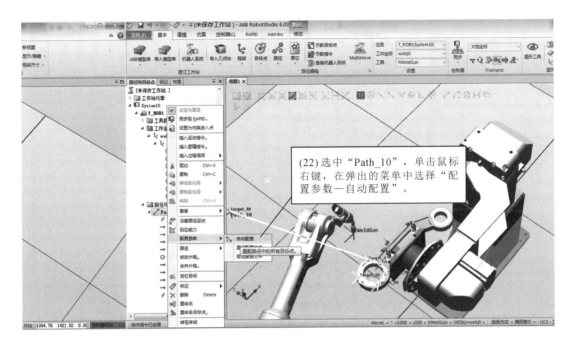

图 5-57

接下来为路径"Path_10"自动配置轴参数。

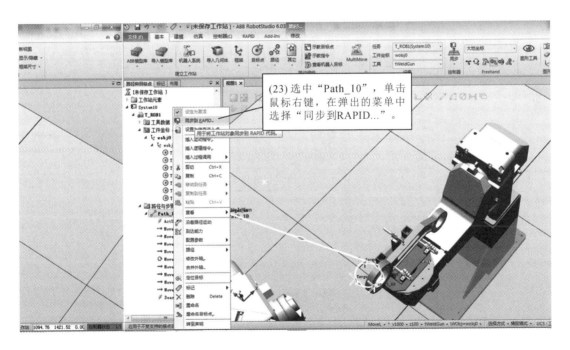

图 5-58

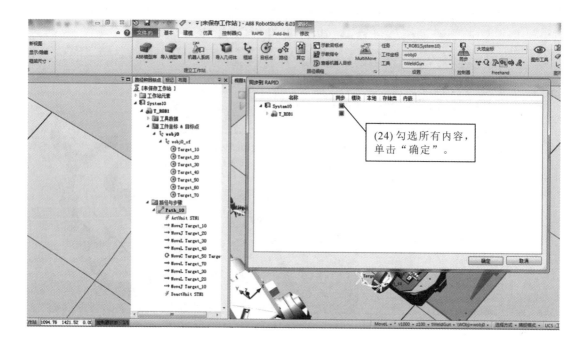

图 5-59

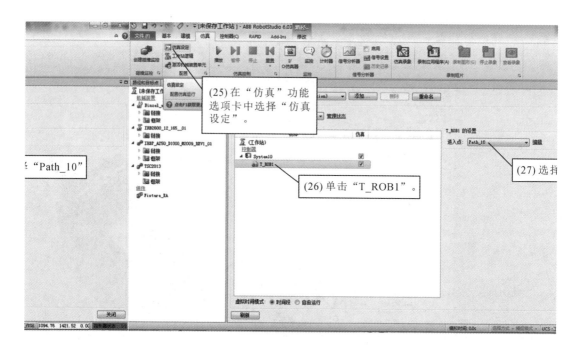

图 5-60

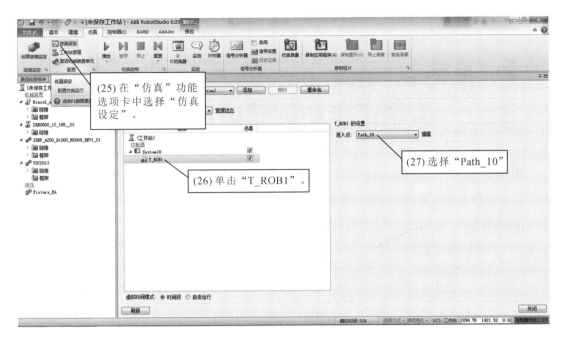

图 5-61

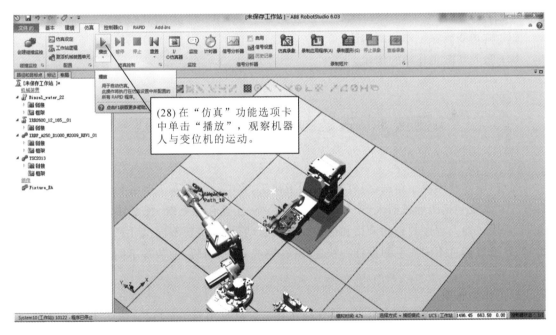

图 5-62

思考与实训

（1）实现机器人导轨离线夹放物料，运用机器人与导轨实现物料的搬运。

（2）编写导轨和变位机的离线效果程序。

项目 6　RobotStudio 离线仿真在典型工作站构建中的应用

学习目标

综合运用 RobotStudio 离线仿真技术,完成典型工作站的构建。

知识要点

(1) 创建输送线动作。

(2) 创建夹具动作。

(3) 编写输送线码垛工作站程序。

(4) 精确按 LAYOUT 说明布局工作站。

(5) I/O 仿真设定调试。

(6) 仿真动画设计。

训练项目

(1) 输送线码垛工作站的构建。

(2) 激光切割工作站的构建。

任务 1　输送线码垛工作站的构建

目前,输送线码垛工作站已被广泛应用于化工、家电、食品、军工等各行业的产品码垛和拆垛。其系统包括工业机器人、产品输送汇流系统、托盘存储系统、托盘移载系统和辅助设备等,利用机器人程序的自动调用和摆放位置的自动计算,实现不同尺寸产品的自动堆放或拆解,还可以通过不同抓手的设计和快速转换,完成袋装、箱装、桶装等不同产品包装的自动切换作业。

1. 工作站布局

打开任务包后如图 6-1 所示,该输送线码垛工作站采用双边码垛,机器人为 IRB 460,产品源为箱子,末端操作器(手部工具)为吸盘。

2. 创建码垛工作站的 Smart 组件

码垛工作站的 Smart 组件设计包括:① 工作站输送线动作效果设计,要求实现输送线的动态效果。输送线前段自动生成产品,产品随输送线运动,到达末端后停止,产品被移走后再次生成新产品,依次循环。② 工作站末端操作器(手部工具)的动作效果设计,要求能够使用机器人外部输入/输出信号控制末端操作器实现抓放物料的效果。

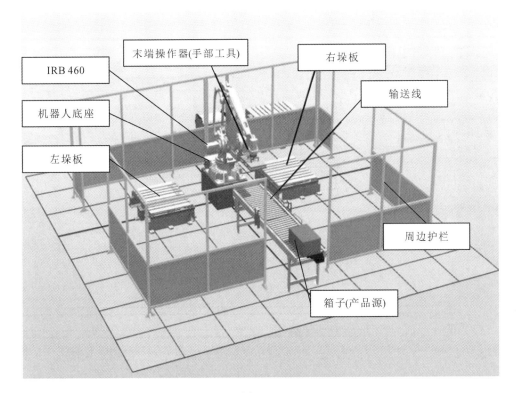

图 6-1

1）工作站输送线动作效果设计

首先我们来设定工作站输送线的产品源。选择"建模"功能选项卡，创建名称为"输送线动作"的 Smart 组件，如图 6-2 所示。

图 6-2

在子对象组件中添加组件"Source",生成产品,如图 6-3 所示。

图 6-3

接下来对组件"Source"进行属性设置,如图 6-4 所示。"Source"选择"产品";"Copy"和 "Parent"暂不指定;"Position"为复制出的子对象的本地原点相对于大地坐标系的坐标位置,此处设置为(0,0,0);"Orientation"为方向,此处保持默认。设置完成后单击"应用"。

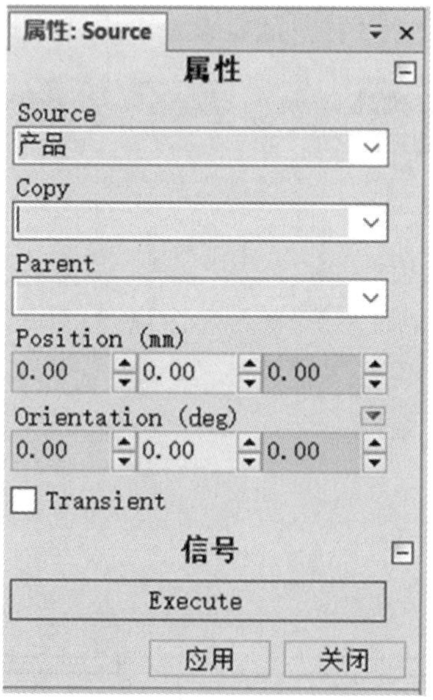

图 6-4

设定工作站输送线的动作,如图 6-5 所示,添加组件"Queue",将生成的产品当作队列处理,此处"Queue"暂时不需要设置属性。

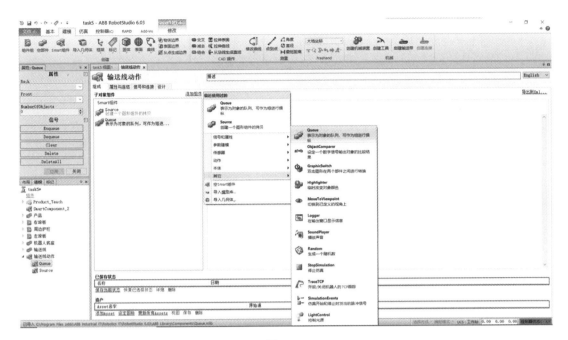

图 6-5

如图 6-6 所示,添加子组件"LinearMover",设定运动属性。其属性包含指定运动对象、运动方向、运动速度、参考坐标系等,此处将之前添加的 Queue 设为运动对象,运动方向为大地坐标系的 X 轴负方向"−1000",运动速度为 300 mm/s,并将"Execute"设置为 1,则该运动处于一直执行的状态。

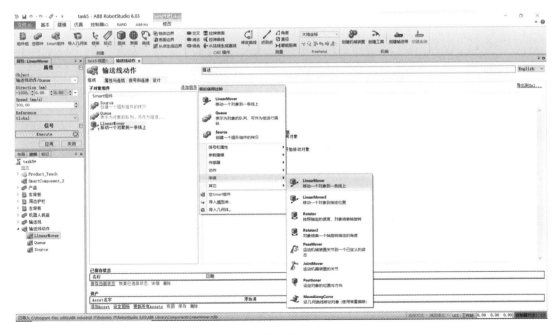

图 6-6

在输送线末端挡板处设置面传感器,当产品到位时,会自动输出一个信号,用于逻辑控制。如图 6-7 所示,添加组件"PlaneSensor",生成面传感器。

图 6-7

　　"PlaneSensor"属性设置如图 6-8 所示。选择输送线末端挡板的一个角点作为面传感器的原点，通过测量选择合适的宽度和高度。"Active"选择"1"，使面传感器保持为激活状态。设置完成后单击"应用"。

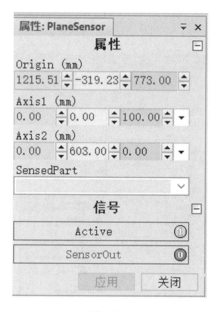

图 6-8

　　设置完成后如图 6-9 所示。

　　需要注意的是，虚拟传感器一次只能检测到一个物体，所以这里需要保证创建的传感器不能检测到除产品外的其他设备。如图 6-10 所示，将传感器所能检测到的"输送线"属性设置为"不可由传感器检测"。

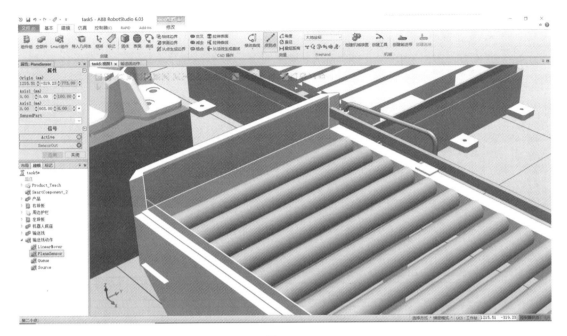

图 6-9

图 6-10

如图 6-11 所示,添加逻辑信号 NOT。NOT 的含义是当输入信号是 1 的时候输出信号是 0,当输入信号是 0 的时候输出信号是 1。当面传感器检测到产品时状态是 1,NOT 的结果是 0;当面传感器没有检测到产品时状态是 0,NOT 的结果是 1。这种状态的变化可以用来触发产品生成。

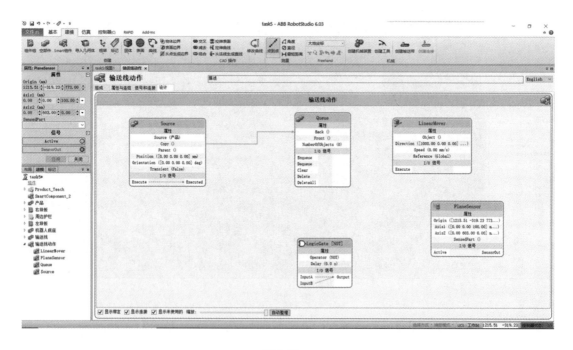

图 6-11

接下来，我们来设置输送线的"属性与连结"及"信号和连接"。首先设置属性与连结，如图6-12所示，建立 Source 的属性"Copy"和 Queue 的属性"Back"之间的连结。

图 6-12

如图 6-13 所示，建立 Queue 的属性"Front"和 LineMover 的属性"Object"之间的连结。

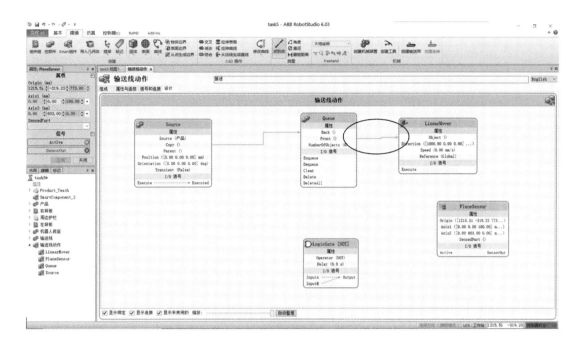

图 6-13

如图 6-14 所示，添加输送线动作的输入信号"distart"，勾选"自动复位"。

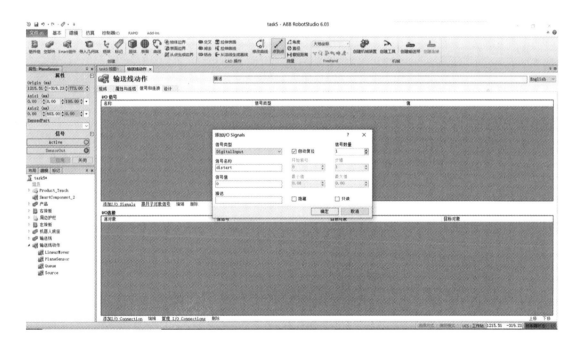

图 6-14

如图 6-15 所示，添加输送线动作的输出信号"doBoxInPos"，此处不勾选"自动复位"。

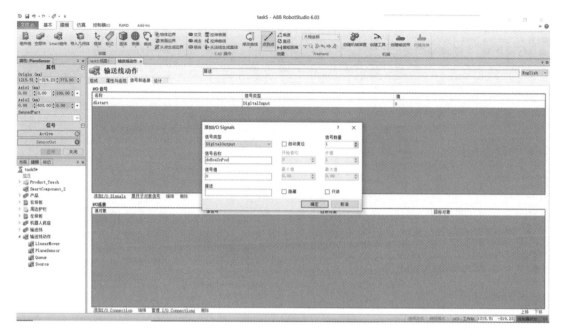

图 6-15

接下来进行信号连接,如图 6-16 和图 6-17 所示,我们可使用"信号和连接"或"设计"两种方法进行信号连接。

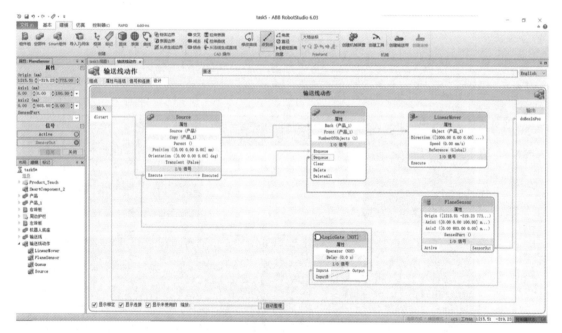

图 6-16

设计思路如下:

(1) 利用创建的启动信号 distart 触发一次 Source,使其产生一个复制件;

(2) 复制件产生之后自动加入到设定好的队列 Queue 中,随着队列 Queue 一起沿着输送线运动;

(3) 当复制件运动到输送线的末端,与设置好的面传感器 PlaneSensor 接触后,该复制

件退出队列 Queue,并将产品到位信号 doBoxInPos 设置为 1;

(4) 通过非门的中间链接,最终实现当复制件与面传感器不接触后,自动触发 Source 再产生一个复制件。

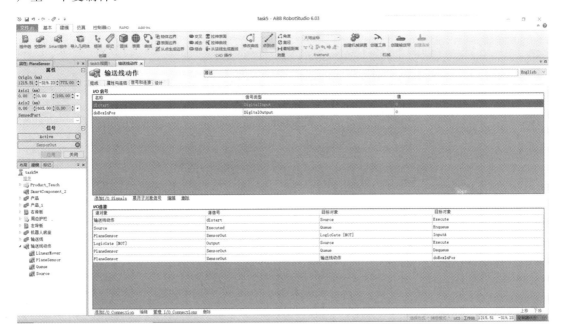

图 6-17

至此就完成了工作站输送线动作效果设计,接下来验证一下设定的动画效果。如图 6-18所示,在"仿真"功能选项卡中单击"I/O 仿真器",选择"输送线动作",单击"播放",随后单击"distart",此时,我们可以观察到产品运动到输送线末端,与面传感器接触后停止运动。

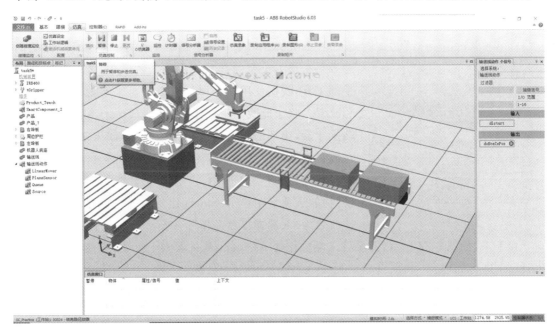

图 6-18

如图 6-19 所示,利用 Freehand 中的"移动"将复制件移开,则 Source 继续产生一个复制件,新的复制件沿输送线继续运动到面传感器处后停止。

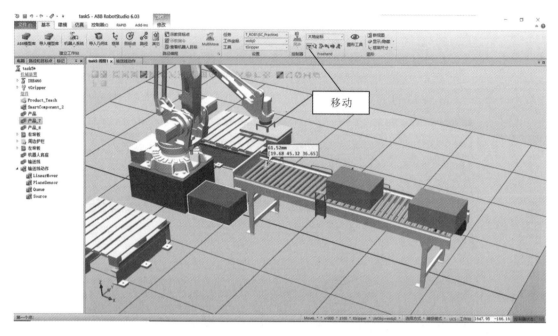

图 6-19

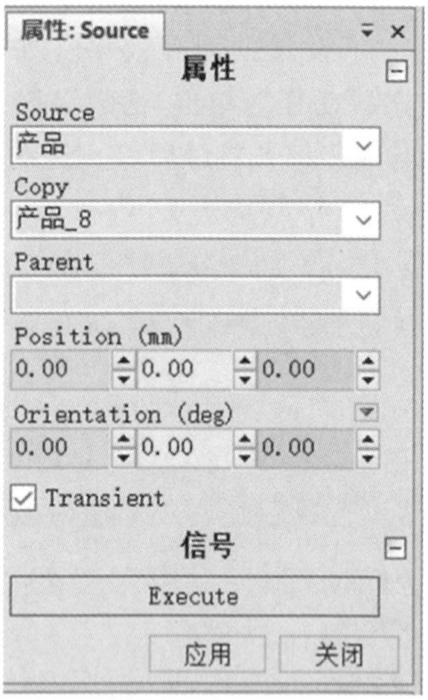

为了避免在后续仿真过程中不断产生大量复制件,我们可修改 Source 属性。如图 6-20 所示,勾选"Transient"可设置产生临时复制件,当仿真停止后,所产生的临时复制件会自动消失。

2) 工作站末端操作器动作效果设计

在 RobotStudio 中创建码垛工作站,末端操作器的动态效果是最为重要的部分。在这个例子中,末端操作器即手部工具,我们使用一个海绵真空吸盘来实现产品的拾取和放置。基于此我们来创建一个具有 Smart 组件特性的末端操作器,实现的动作效果包括:在输送线末端拾取产品、在放置位置释放产品、自动置位复位真空信号。

首先,如图 6-21 所示,设定末端操作器的属性。在"建模"功能选项卡中单击"Smart 组件",并将创建的 Smart 组件命名为"末端操作器动作"。

图 6-20

接下来,如图 6-22 所示,需要将末端操作器 tGripper 从机器人上拆除,方便对独立后的 tGripper 进行处理。

此时在跳出的"更新位置"对话框中选择"否(N)",如图 6-23 所示,使 tGripper 仍处于当前位置。

图 6-21

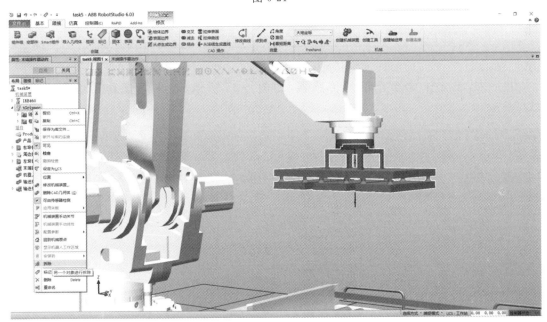

图 6-22

图 6-23

如图 6-24 所示，在左侧"布局"窗口中，将机器人本体上拆除的 tGripper 拖动到末端操作器的 Smart 组件中，并将其设定为 Role。

图 6-24

接下来，设定末端操作器的传感器，如图 6-25 所示，在末端操作器组件中添加"LineSensor"。

图 6-25

如图 6-26 所示，选择合适的位置创建传感器，设置其长为 100 mm，半径为 3 mm。

设置末端操作器不被传感器检测，以免传感器与工具发生干涉，如图 6-27 所示。

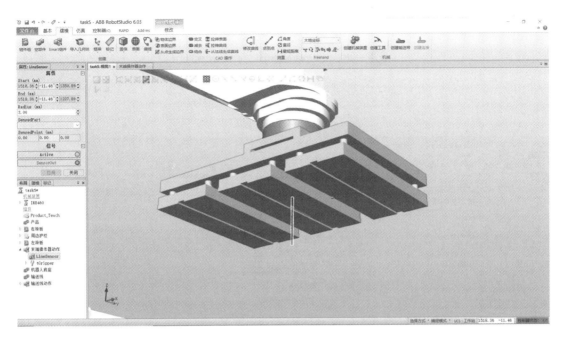

图 6-26

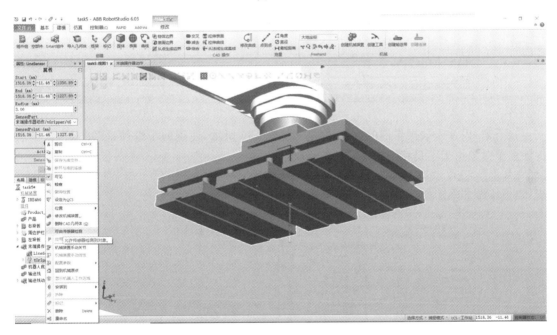

图 6-27

在设定好传感器之后,在"布局"窗口中,用鼠标左键将 Smart 组件"末端操作器动作"拖动安装至机器人末端,不更新对象位置,并选择"是(Y)"替换原有的工具数据,如图 6-28 所示。这样操作的目的是使 Smart 组件作为机器人的工具,同时通过"Role"属性获得工具坐标系的属性。

接下来,设计末端操作器的拾取动作。如图 6-29 所示,使用的子组件是 Attacher,指定的安装父对象为 Smart 组件"末端操作器动作",指定的安装子对象由于不是特定物体,暂不设定。

图 6-28

图 6-29

接下来,设计末端操作器的放置动作。如图 6-30 所示,使用的子组件是 Detacher,指定拆除的子对象由于不是特定物体,也暂不设定。

图 6-30

最后,我们设置输送线的"属性与连结"及"信号和连接"。

属性与连结如图 6-31 所示。

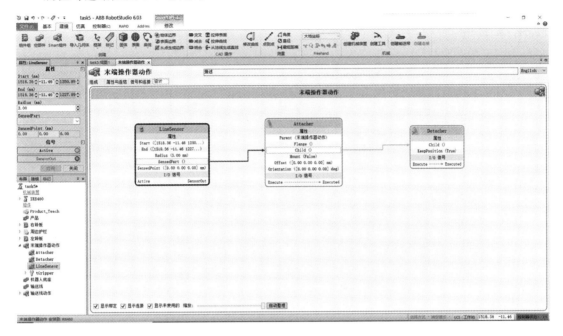

图 6-31

如图 6-32 所示,添加信号和连接逻辑过程中需要的逻辑信号:"NOT"和复位/锁定。

图 6-32

如图 6-33 所示,添加数字输入信号 diGripper,当其状态值为 1 时末端操作器真空开启,当其状态值为 0 时末端操作器真空关闭。添加数字输出信号 doVacuumok,拾取动作执行时 doVacuumok 的状态值为 1,放置动作执行时 doVacuumok 的状态值为 0。

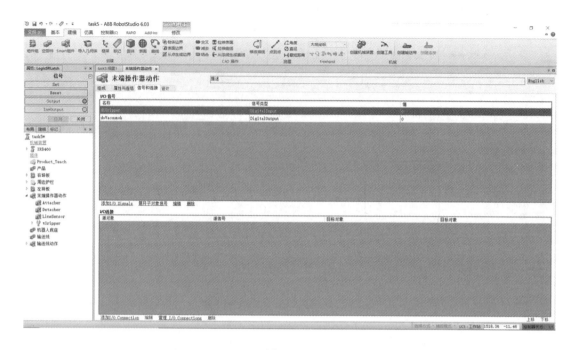

图 6-33

接下来进行信号连接,如图 6-34、图 6-35 所示,我们可使用"信号和连接"或"设计"两种方法进行信号连接。设计思路如下。

机器人末端操作器运动到拾取位置,真空开启后,传感器开始检测;如果检测到产品与其发生接触,则执行拾取动作将产品拾取,同时将真空反馈信号置为 1;当机器人运动到放置位置时,执行放置动作将产品放置,同时将真空反馈信号置为 0。

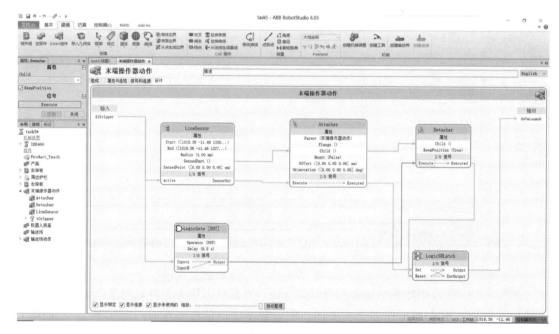

图 6-34

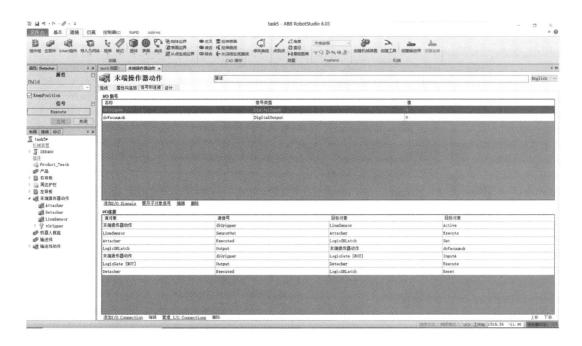

图 6-35

　　接下来,我们对末端操作器动态效果进行模拟运行。如图 6-36 和图 6-37 所示,我们使用"Product_Teach"来进行模拟运行,在"布局"窗口中使"Product_Teach"可见,并将其设置为"可由传感器检测",使用 Freehand 中的"手动线性",同时将"I/O 仿真器"中的"DiGripper"置为 1 或置为 0 来拾取或放置产品。此时请大家注意观察"doVacuumok"的信号状态。

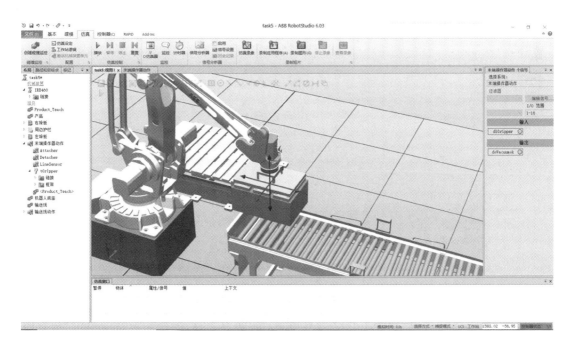

图 6-36

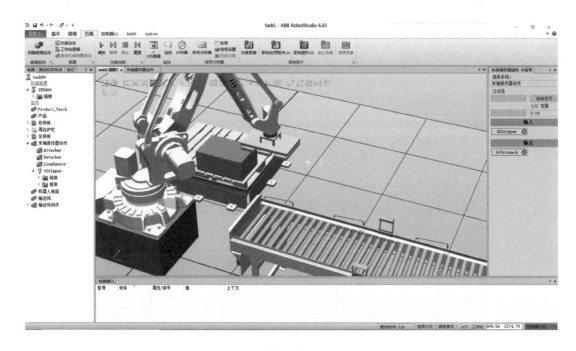

图 6-37

3. 设定机器人 I/O 信号

如图 6-38 所示,选择"控制器(C)"功能选项卡中的"配置编辑器",设定机器人控制 I/O 信号,新建 d652 板。

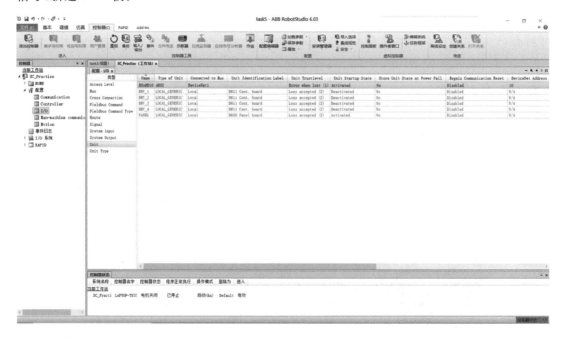

图 6-38

如图 6-39 所示,创建"diBoxInPos"信号检测流水线上有料,创建"diVacuumOK"信号检测末端操作器拾取到产品,创建" doGripper"信号打开真空吸附动作。

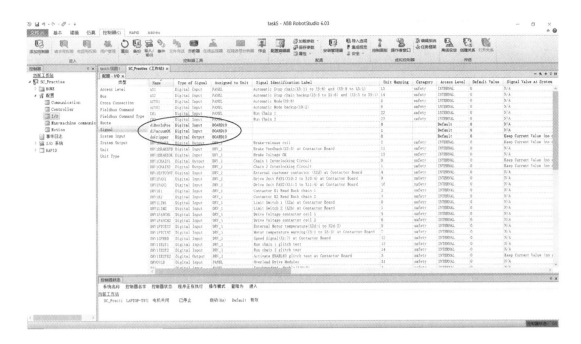

图 6-39

接下来,建立机器人控制器和 Smart 组件间的连接。如图 6-40 所示,在"仿真"功能选项卡中单击"工作站逻辑"。

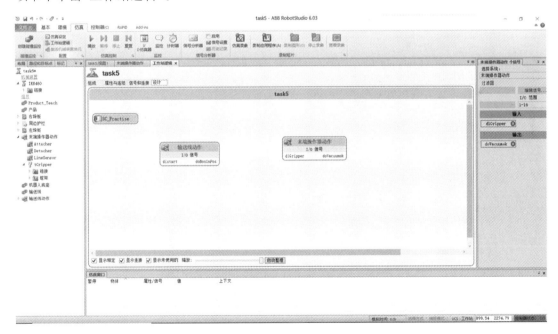

图 6-40

如图 6-41 所示,切换至"信号和连接"窗口,单击"添加 I/O Connection"。

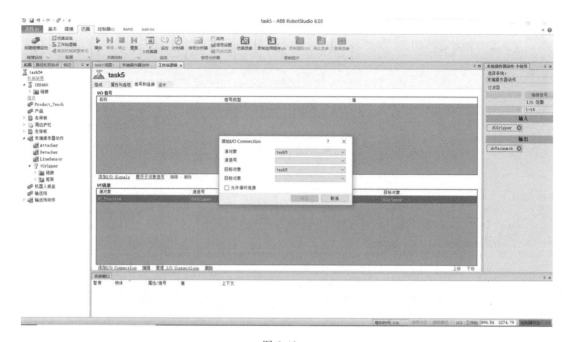

图 6-41

在工作站逻辑的信号和连接中建立如图 6-42 所示的信号关系。

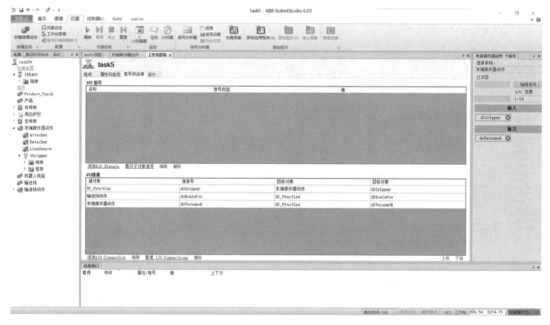

图 6-42

4. 工作站程序解析与仿真调试

本任务中仿真的大致流程为:机器人在输送线末端等待,等产品到位后将其拾取,放置在右垛板上。垛型为常见的"3+2"型,即竖着放 2 个产品,横着放 2 个产品,第二排位置交错。本任务中机器人只进行右侧码垛,共计码垛 10 个产品,然后机器人回到等待位置继续等待,仿真结束。

工作站程序解析如下。

1）主程序框架

```
PROC Main()
        rInitAll；
        WHILE TRUE DO
            IF bPalletFull=FALSE THEN
                rPick；
                rPlace；
            ELSE
                WaitTime 0.3；
            ENDIF
        ENDWHILE
    ENDPROC
```

2）初始化例行程序

```
PROC rInitAll()
        pActualPos：=CRobT(\tool：=tGripper)；
        pActualPos.trans.z：=pHome.trans.z；
        MoveL pActualPos,v500,fine,tGripper\WObj：=wobj0；
        MoveJ pHome,v500,fine,tGripper\WObj：=wobj0；
        bPalletFull：=FALSE；
        nCount：=1；
        Reset doGripper；
    ENDPROC
```

3）输送线拾取例行程序

```
PROC rPick()
        MoveJ Offs(pPick,0,0,300),v2000,z50,tGripper\WObj：=wobj0；
        WaitDI diBoxInPos,1；
        MoveL pPick,v500,fine,tGripper\WObj：=wobj0；
        Set doGripper；
        WaitDI diVacuumOK,1；
        MoveL Offs(pPick,0,0,300),v500,z50,tGripper\WObj：=wobj0；
    ENDPROC
```

4）垛板码垛程序例行程序

```
PROC rPlace()
        rPosition；
        MoveJ Offs(pPlace,0,0,300),v2000,z50,tGripper\WObj：=wobj0；
        MoveL pPlace,v500,fine,tGripper\WObj：=wobj0；
        Reset doGripper；
        WaitDI diVacuumOK,0；
        MoveL Offs(pPlace,0,0,300),v500,z50,tGripper\WObj：=wobj0；
        rPlaceRD；
```

```
        ENDPROC
```

5）码垛产品数量限制例行程序

```
PROC rPlaceRD()
        Incr nCount；
        IF nCount>=11 THEN
                nCount：=1；
                bPalletFull：=TRUE；
                MoveJ pHome,v1000,fine,tGripper\WObj：=wobj0；
        ENDIF
    ENDPROC
```

6）码垛产品位置设定例行程序

```
PROC rPosition()
        TEST nCount
        CASE 1：
                pPlace：=RelTool(pPlaceBase,0,0,0\Rz：=0)；
        CASE 2：
                pPlace：=RelTool(pPlaceBase,-600,0,0\Rz：=0)；
        CASE 3：
                pPlace：=RelTool(pPlaceBase,100,-500,0\Rz：=90)；
        CASE 4：
                pPlace：=RelTool(pPlaceBase,-300,-500,0\Rz：=90)；
        CASE 5：
                pPlace：=RelTool(pPlaceBase,-700,-500,0\Rz：=90)；
        CASE 6：
                pPlace：=RelTool(pPlaceBase,100,-100,-250\Rz：=90)；
        CASE 7：
                pPlace：=RelTool(pPlaceBase,-300,-100,-250\Rz：=90)；
        CASE 8：
                pPlace：=RelTool(pPlaceBase,-700,-100,-250\Rz：=90)；
        CASE 9：
                pPlace：=RelTool(pPlaceBase,0,-600,-250\Rz：=0)；
        CASE 10：
                pPlace：=RelTool(pPlaceBase,-600,-600,-250\Rz：=0)；
        DEFAULT：
                Stop；
        ENDTEST
    ENDPROC
```

7）机器人工作点示教例行程序

```
PROC rModify()
        MoveL pHome,v1000,fine,tGripper\WObj：=wobj0；
```

MoveL pPick,v1000,fine,tGripper\WObj：＝wobj0；

MoveL pPlaceBase,v1000,fine,tGripper\WObj：＝wobj0；

ENDPROC

最后,我们选择"I/O 仿真器",选择"输送线动作"并单击"distart",选择"播放",启动工作站,如图 6-43 所示,产品在垛板进行三行两竖码垛放置。

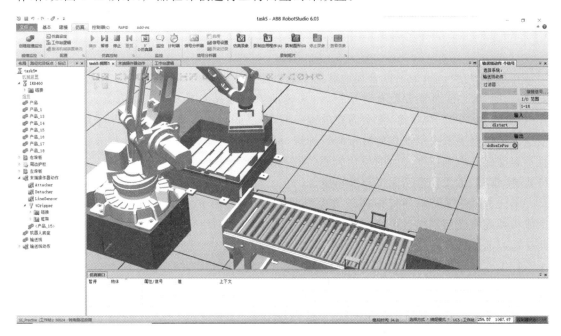

图 6-43

当产品码垛完成时,如图 6-44 所示,机器人在工作点等待,仿真验证完成。

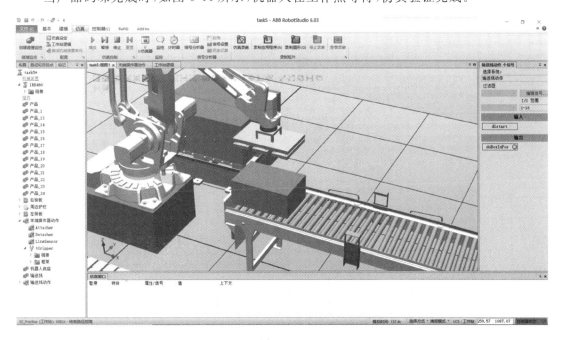

图 6-44

至此,已经完成了码垛工作站的动画效果制作,大家可以在此基础上进行扩展练习,例如修改程序以完成更多层数的码垛,或者完成左右两边交替码垛,或者用自己制作的夹具、输送线、产品等其他素材完成预期的动画效果。

任务 2　激光切割工作站的构建

在激光焊接行业,为了更合理地利用工业机器人运动范围,通常选择将工业机器人倒置安装;同时,大的工件需要配置移动平台,来辅助切割行程范围。在工业机器人轨迹应用过程中,如切割、涂胶、焊接等,常会需要处理一些不规则的曲线,通常的做法是采用描点法,即根据工艺精度要求去示教相应数量的目标点,从而生成机器人的轨迹。此种方法费时、费力且不容易保证轨迹精度。而图形化编程,即根据三维模型的曲线特征自动生成机器人的运行轨迹,省时、省力且容易保证轨迹精度。

本任务就主要讲解如何根据三维模型曲线特征,利用 RobotStudio 自动路径功能自动生成机器人激光切割的运行轨迹。由于使用到的 LAYOUT 部件是由第三方软件设计,因此在练习前必需准备好其完整的".sat"格式文件。

1. 工作站布局

打开任务包后如图 6-45 所示,机器人将采用 IRB 4600,倒置安装,待切割产品为汽车门冲压件,末端操作器为激光切割末端操作器。

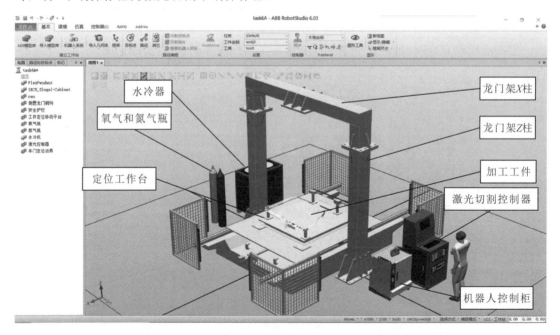

图 6-45

激光切割是用聚焦镜将激光束聚焦在材料表面使材料熔化,同时用与激光束同轴的压缩气体吹走被熔化的材料,并使激光束与材料沿一定轨迹做相对运动,从而形成一定形状的切缝的切割技术。激光切割技术广泛应用于金属和非金属材料的加工,可大大减少加工时间,降低加工成本,提高工件质量。

本任务的切割位置如图 6-46 所示。

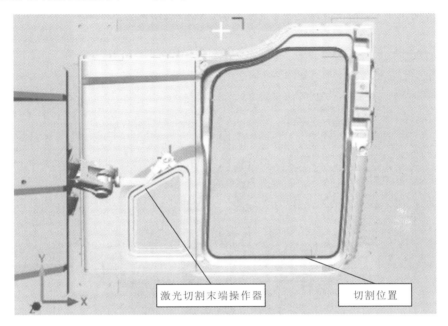

图 6-46

在本任务中,需要综合应用设计工具,实现移动平台动态配合焊接作业。当工作站启动后移动平台开始动作,到达指定位置后停止,焊接机器人准备完成后开始焊接,焊接过程中平台保持停止状态,焊接完成后机器人回到工作准备位置等待,依次循环。

首先,我们需要将机器人安装到倒置龙门钢构上。

如图 6-47 所示,导入 IRB 4600 机器人模型。

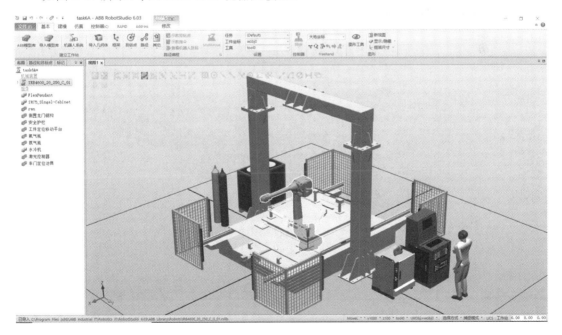

图 6-47

　　将机器人安装到倒置龙门钢构上,结果如图 6-48 所示。通过上面的操作发现机器人的安装位置和方向与预计的不同,这是由于倒置龙门钢构的本地原点的方向和位置没有设置为 Z 轴正方向向下、X 轴正方向向左,导致错误。拆除机器人。

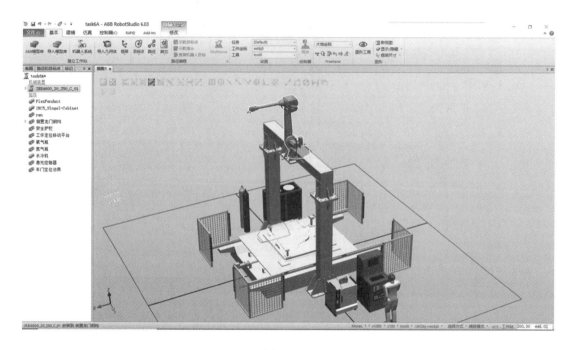

图 6-48

　　设置龙门钢构的本地原点的方向,如图 6-49 所示。

图 6-49

此时即可将机器人正确倒置安装在龙门钢构上,如图 6-50 所示。

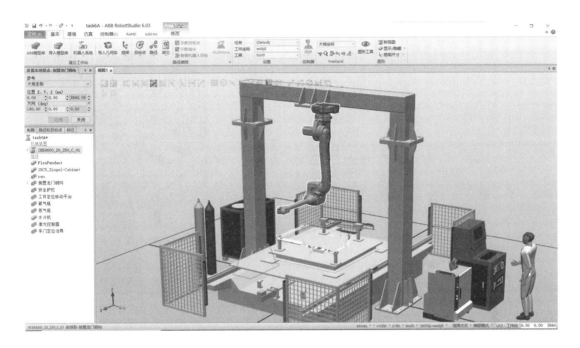

图 6-50

随后,如图 6-51 所示,导入激光切割器,并将其安装到机器人上。

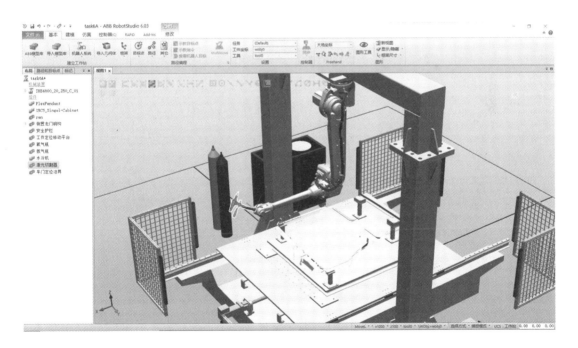

图 6-51

最后,如图 6-52 所示,从布局创建系统。

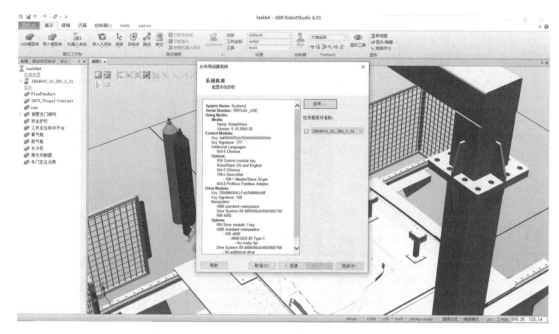

图 6-52

2. 移动平台机械装置设计

如图 6-53 所示,创建机械装置(设备),并将其命名为移动平台。同时,创建两个空部件:工作定位平台 L1 和工作定位平台 L2。

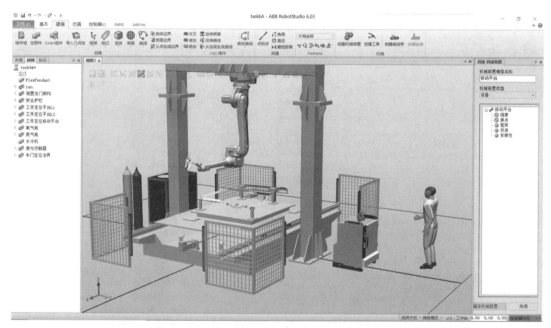

图 6-53

如图 6-54 所示,在移动平台中,选中在相对运动中静止的部件,将其剪切并粘贴到工作定位平台 L2 中,将其他剩余部件剪切并粘贴到工作定位平台 L1 中。

如图 6-55 和图 6-56 所示,设置链接和接点,编译机械装置。

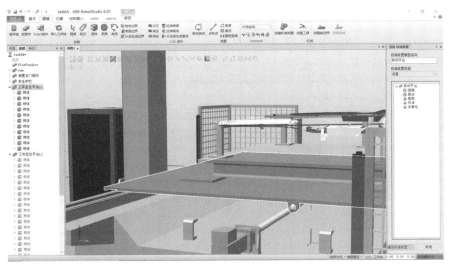

图 6-54

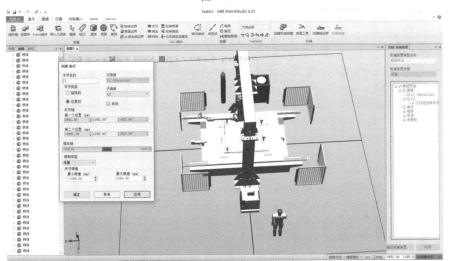

图 6-55

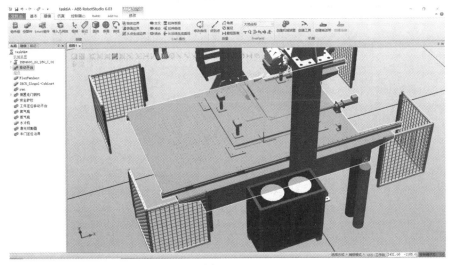

图 6-56

3. 离线轨迹设计

首先,如图 6-57 所示,我们利用三点法创建工件坐标,该坐标的创建便于后续对路径进行整体修改。

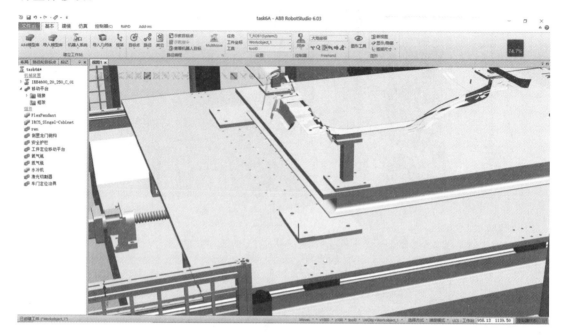

图 6-57

接下来,如图 6-58 所示,调整激光切割末端操作器相对于工件的工作姿态,使其与工件垂直。

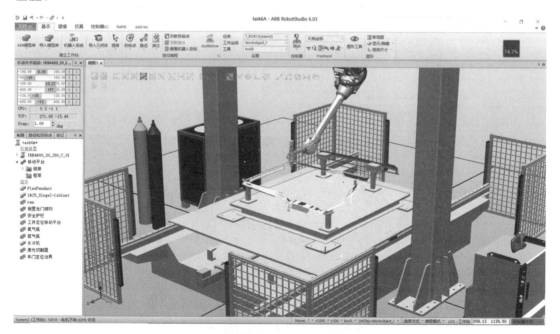

图 6-58

用 Freehand 中的"手动线性",在要求的切割位置手动测试可达性,如图 6-59(a)所示,此位置可达,而图 6-59(b)所示位置机器人无法到达。

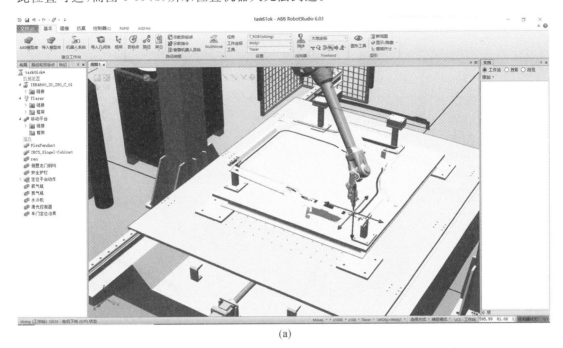

(a)

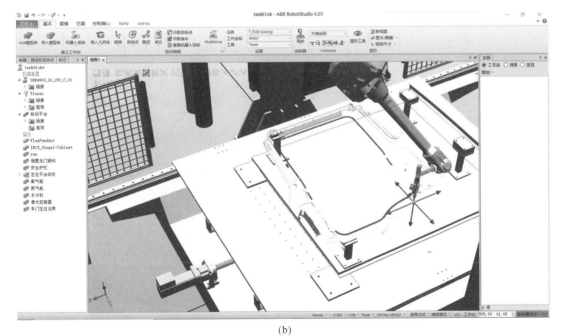

(b)

图 6-59

此时,我们选择将车门定位治具安装到移动平台,如图 6-60 所示。

如图 6-61 所示,修改定位滑台的位置,用机械装置手动关节调整位置到"-900",再测试可达性,此时,车门需要切割的位置均可达。

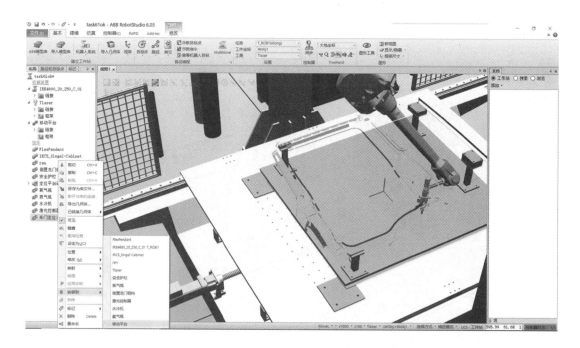

图 6-60

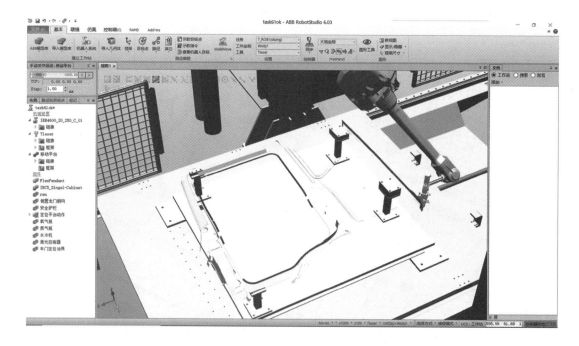

图 6-61

接下来我们进行离线轨迹调试。如图 6-62 所示的是示教工作等待点"Target_10"。如图 6-63 所示,选中要切割的边缘。

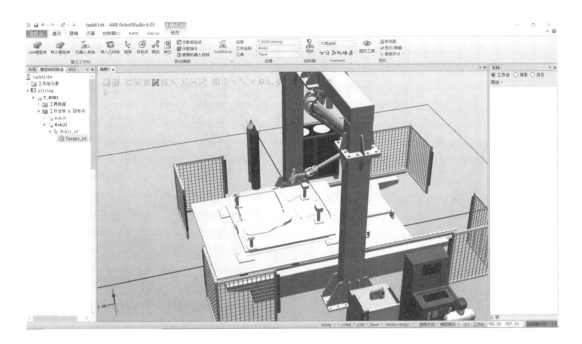

图 6-62

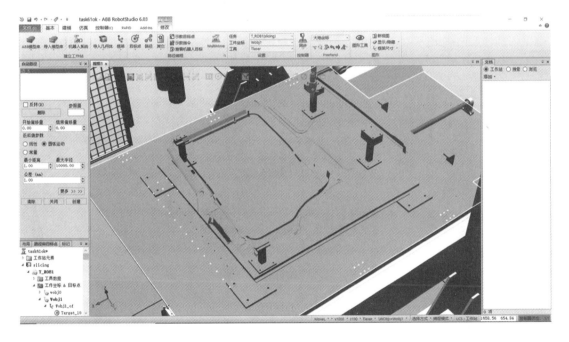

图 6-63

如图 6-64 所示,捕捉切割位置的边缘,自动生成轨迹(生成的轨迹可以是一条,也可以是多条,本例中有 Path_10,Path_20,Path_30)。新建空轨迹"path_cutting",将"Path_10""Path_20""Path_30"所有轨迹复制到"path_cutting"中。

如图 6-65 所示,进行到达能力测试,出现很多不可到达的位置,所以要修改目标点的姿态(用对准目标方向、应用方向等方法),直到调试至所有点都可到达。

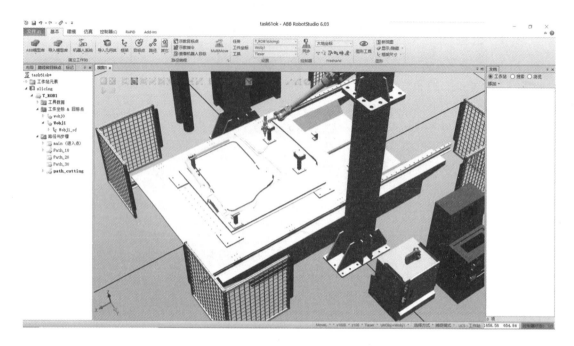

图 6-64

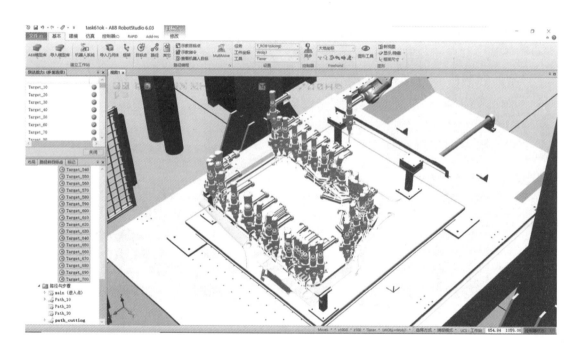

图 6-65

如图 6-66 所示，自动配置参数，完成切割轨迹调试。

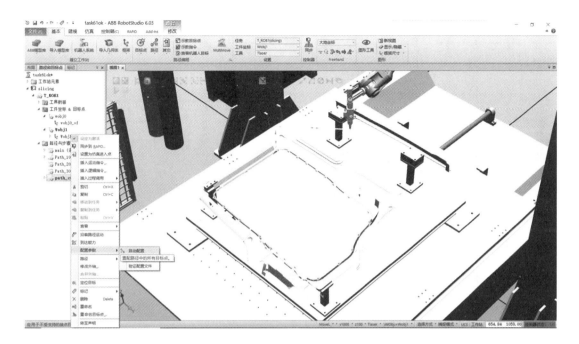

图 6-66

4. 创建激光切割工作站的 Smart 组件

如图 6-67 所示,创建定位平台 Smart 组件,添加两个 JointMover 组件。

图 6-67

如图 6-68 所示,移动位置,一个为"−900",一个为"1000"。

添加信号和连接,如图 6-69 所示。

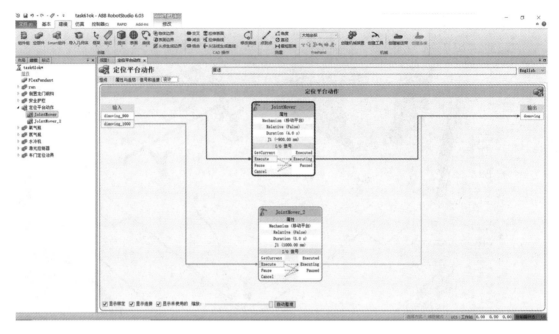

图 6-68

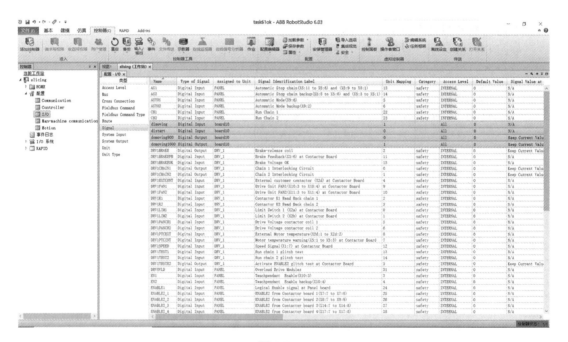

图 6-69

在单元"Unit"中添加 I/O 板 d652 并设定机器人的 I/O 信号（上述信号的设计只为完成仿真效果）。

如图 6-70 所示，我们在工作站逻辑中建立输入信号"dirun"，为实现仿真效果，建立如下动作信号关联。

最后，我们将工作站内容同步到 RAPID，如图 6-71 所示。

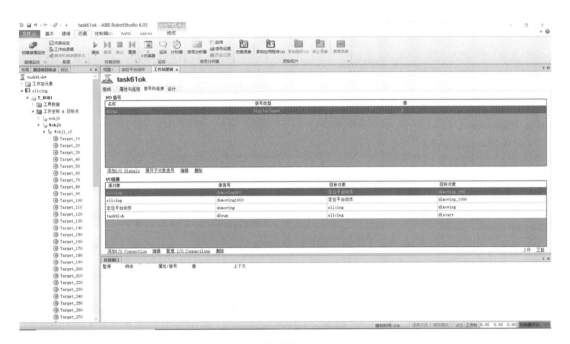

图 6-70

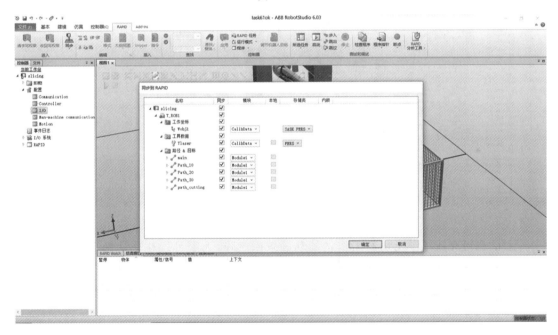

图 6-71

5. 工作站程序解析与仿真调试

为实现仿真效果,我们编写如下主程序:

```
PROC main()
        PulseDO\PLength:=1, domoving1000;
            WaitDI dimoving, 0;
        WHILE TRUE DO
            IF distart = 1 AND dimoving = 0 THEN
```

$$PulseDO\backslash PLength：=1，domoving900；$$
$$WaitDI\ dimoving，0；$$
$$path\_cutting；$$
$$PulseDO\backslash PLength：=1，domoving1000；$$
$$WaitDI\ dimoving，0；$$

ENDIF

WaitTime 2；

ENDWHILE

ENDPROC

在"仿真"功能选项卡中选择"播放"，单击"dirun"执行动作效果（启动后关闭 dirun），如图 6-72 所示。

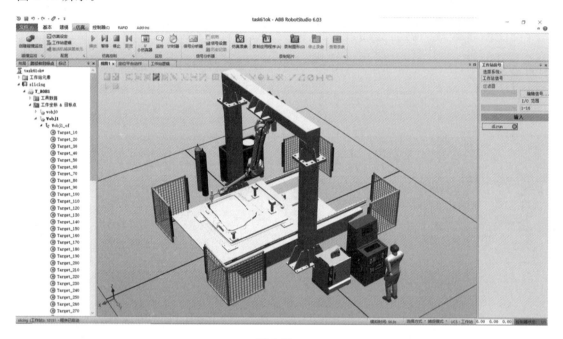

图 6-72

至此，已经完成了激光切割工作站的动画效果制作，大家可以在此基础上进行扩展练习，完成其他曲面加工案例。

思考与实训

（1）输送线码垛工作站的组成有哪些？

（2）输送线动作设计应用的 Smart 组件有哪些？

（3）简述机器人输入/输出信号、工作站信号、Smart 组件信号的区别和联系。

（4）在任务 1 中实现输送线左垛板的码垛效果。

（5）工业机器人激光切割工作站由哪些设备组成？

（6）简述定位平台机械装置的创建过程。

（7）机器人的安装位置和方向如何和虚拟示教器的基坐标系保持同步？

（8）在 RobotStudio 中创建曲线轨迹有几种方式？

项目 7　ScreenMaker 示教器用户自定义界面

学习目标

（1）了解 ScreenMaker 的功能。

（2）学会 ScreenMaker 设计环境的搭建。

（3）学会设置与示教器用户自定义界面关联的 RAPID 程序与数据。

（4）学会使用 ScreenMaker 创建示教器用户自定义界面。

（5）学会使用 ScreenMaker 中的控件构建示教器用户自定义界面。

（6）学会使用 ScreenMaker 调试与修改示教器用户自定义界面。

知识要点

（1）ScreenMaker 的设计流程。

（2）图形用户界面（GUI）设计思路。

（3）ScreenMaker 中的控件工具的应用技巧。

（4）控件工具与系统数据、程序的关联。

训练项目

用于伺服电动机装配的机器人工作站自定义界面设计。

任务 1　ScreenMaker 示教器用户自定义界面

1. 什么是 ScreenMaker

ScreenMaker 是用来创建用户自定义界面的 RobotStudio 工具。使用该工具，无须学习 VisualStudio 开发环境和 .NET 编程即可创建自定义示教器图形界面。

使用自定义的图形用户界面（GUI）在实际中能简化机器人系统操作，设计合理的图形用户界面能在正确的时间以正确的格式将正确的信息显示给用户。

GUI 将机器人系统的内在工作转化为图形化的前端界面，从而简化工业机器人的操作。如在示教器的 GUI 应用中，图形化界面由多个屏幕组成，占用示教器触屏的用户窗口区域。每个屏幕又由一定数量的较小的图形组件构成，并按照设计的布局摆放，常用的组件有按钮、菜单、图像和文本框。典型的 GUI 界面如图 7-1 所示。

2. ABB 示教器

ABB 示教器配置 Windows CE 系统，相对于 PC 工业机，其内存和 CPU 处理能力都有限，因此要加载的定制 GUI 应用程序需要存储在控制器硬盘上指定的文件夹内。在加载

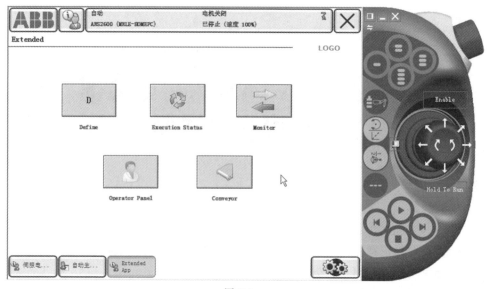

图 7-1

后,该程序将显示在 ABB 示教器菜单下。单击菜单上的选项将启动 GUI 应用程序,也可以将其设置为自动启动。ABB 示教器如图 7-2 所示。

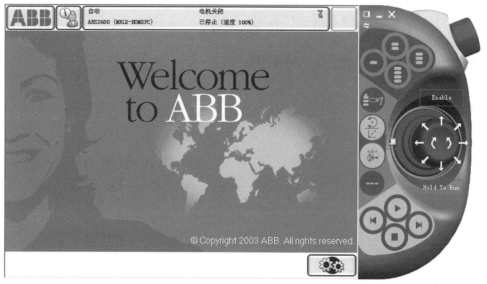

图 7-2

由于机器人控制器通过执行 RAPID 程序控制机器人及其外围设备,因此 GUI 应用程序需要与 RAPID 程序通信,以便对 RAPID 变量进行读写并设置 I/O 信号。

RAPID 有两个不同层级对工作单元进行控制:在 ABB 示教器上运行的事件驱动 GUI 应用程序和在控制器上运行的连续 RAPID 程序。二者在不同的 CPU 上,使用不同的操作系统,因此相互间的通信和协同工作十分重要,需要精心设计。

3. ScreenMaker 设计环境搭建

在使用 ScreenMaker 设计用户 GUI 界面之前,需要在机器人系统构建过程中进行适当配置。本项目中,以伺服电动机装配机器人工作站自定义界面设计为例,介绍 ScreenMaker 设计环境搭建的必要选项。

以下操作在 ABB RobotStudio 5. 15. 02 版本中完成。

（1）新建一个空工作站。选择"文件（F）—新建—空工作站"，如图 7-3 所示。

图 7-3

（2）添加机器人。在"基本"功能选项卡中，点击"ABB 模型库"，选择机器人 IRB 2600，如图 7-4 所示，并将其参数配置为承重能力 12 kg、到达距离 1. 65 m。

图 7-4

（3）添加机器人系统。

① 在"基本"功能选项卡中，点击"机器人系统"，选择"从布局…"，如图 7-5 所示。

图 7-5

② 设置系统名称和位置，选择 RobotWare 版本，如图 7-6 所示，点击"下一个"。

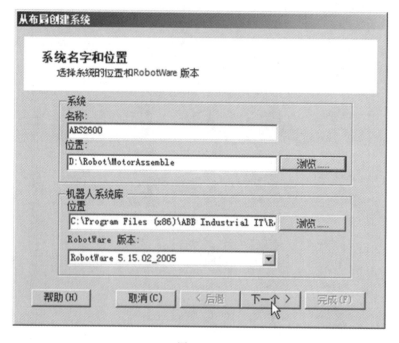

图 7-6

③ 勾选机械装置"IRB2600_12_165_01"，如图 7-7 所示，点击"下一个"。

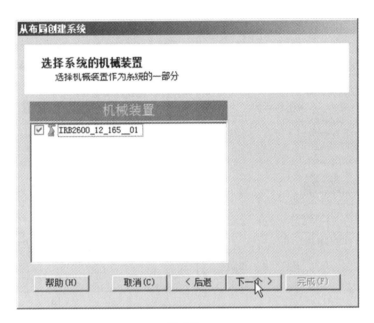

图 7-7

（4）如图 7-8 所示，点击"选项…"，进行必要的系统参数配置。

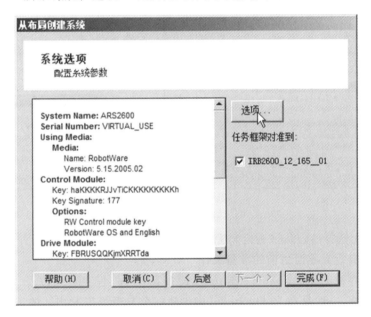

图 7-8

（5）如图 7-9(a)(b)(c)(d)所示，勾选以下 5 项内容：

① 644-5 Chinese(此项可以使示教器支持中文界面，默认为英文界面)；

② 709-x DeviceNet(709-1 Master/Slave Single)；

③ 840-2 Profibus Fieldbus Adapter；

④ 616-1 PC Interface；

⑤ 617-1 FlexPendant Interface。

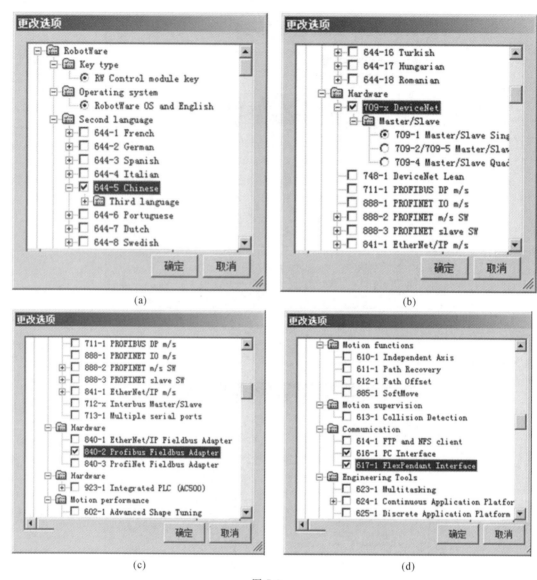

(a)　　　　　　　　　　(b)

(c)　　　　　　　　　　(d)

图 7-9

（6）完成以上选择后，点击"确定—完成"，等待机器人系统加载完成。

4. 创建用户自定义界面之前的准备工作

用户自定义界面的设计需要与机器人的 RAPID 程序、程序数据以及 I/O 信号进行关联。为了调试方便，一般是在 RobotStudio 中创建一个与现场工况相同的工作站，调试完成后，再输送到真实的机器人控制器中。

本任务中，已构建好一个用于伺服电动机装配的机器人工作站，如图 7-10 所示。

与示教器用户自定义界面相关联的数据需要提前在工作站中准备完成，以下介绍主要的操作过程，更多细节可参考项目文件。

（1）添加 ABB 标准 I/O 板 DSQC652。

如图 7-11 所示：① 在"控制器（C）"功能选项卡中选择"配置编辑器"；② 双击"配置"；③ 双击"I/O"；④ 在"类型"列表中，双击"Unit"；⑤ 调出图示界面后，在空白处单击鼠标右键，调出快捷菜单。

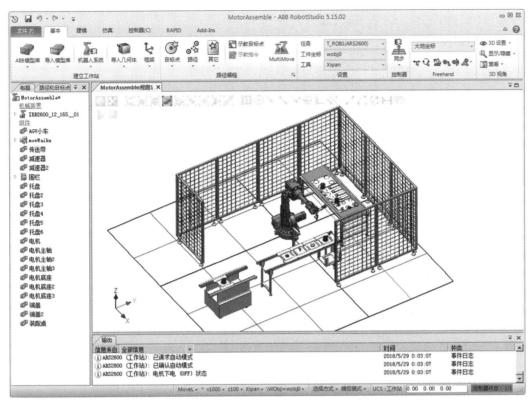

图 7-10

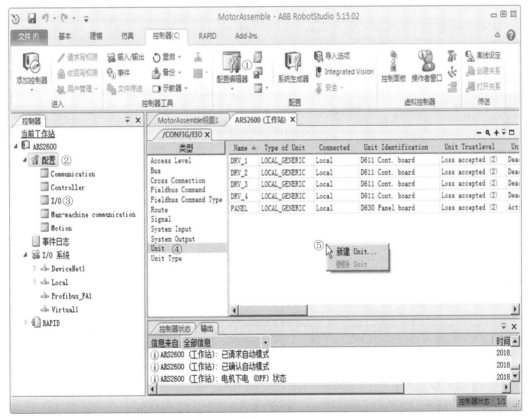

图 7-11

单击"新建 Unit...",设置参数,如图 7-12 所示。

参考知识:DSQC652 板主要提供 16 个数字输入信号和 16 个数字输出信号的处理。

图 7-12

如图 7-13 所示,点击"重启",使更改生效。

图 7-13

(2) 添加 I/O 信号。

如图 7-14 所示:① 选择"控制器(C)"功能选项卡;② 双击"配置";③ 双击"I/O";④ 在"类型"列表中,选中"Signal",单击鼠标右键,调出快捷菜单。

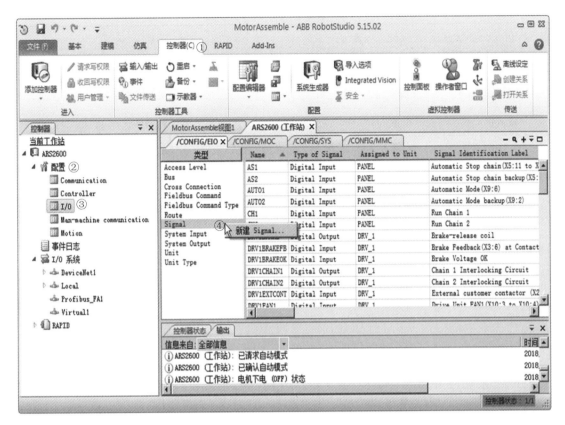

图 7-14

单击"新建 Signal…",设置参数,如图 7-15 所示。

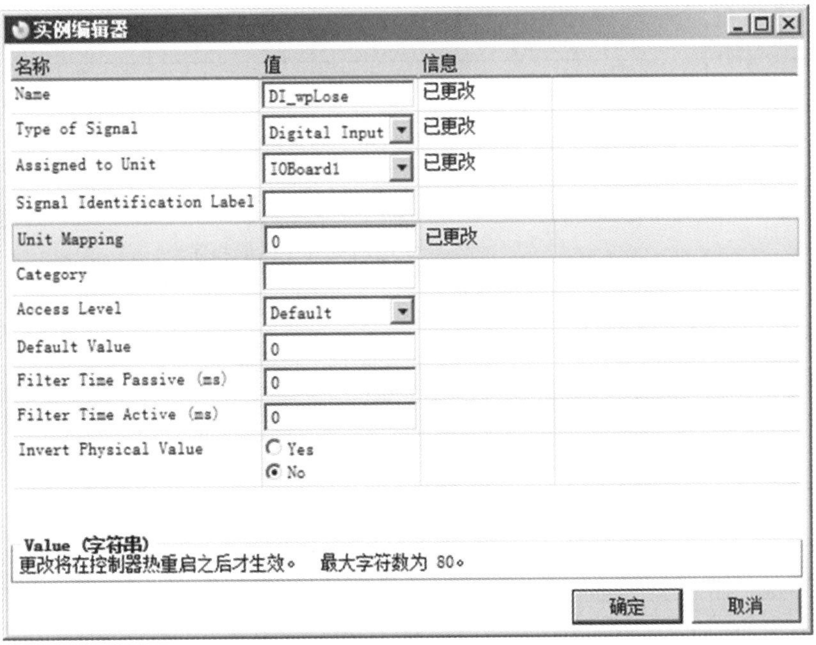

图 7-15

按此方法依次完成表 7-1 中 I/O 信号的设置。

表 7-1　I/O 信号

信　　号	设　　置	说　　明
DI_ToolNo	数字输入 DI0	工具选择:吸盘或卡爪
DI_wpLose	数字输入 DI1	吸盘物品丢失检测
GI_robCtrol	组输入 DI2～5	机器人控制字
GI_wpType	组输入 DI6～9	工件类型
DO_Xipan	数字输出 DO0	吸盘动作控制
DO_Kazhua	数字输出 DO1	卡爪动作控制
DO_air1	数字输出 DO2	1 号气缸开关控制
DO_air2	数字输出 DO3	2 号气缸开关控制
DO_air3	数字输出 DO4	3 号气缸开关控制
DO_air4	数字输出 DO5	4 号气缸开关控制
DO_asmDone	数字输出 DO6	装配完成
GO_robStatus	组输出 DO7～10	机器人状态字
GO_dskOffset	组输出 DO7～10	装配台平移量

　　然后添加 RAPID 程序,定义程序数据,具体如表 7-2 和表 7-3 所示。

表 7-2　RAPID 程序

模　　块	说　　明
motorAsm	存放关联的程序数据
Main	主程序,用于测试用户自定义界面
rInitAll	工作站初始化处理程序
rPick1	电动机底座抓取程序
rPut1	电动机底座装配程序
rPick2	电动机主轴抓取程序
rPut2	电动机主轴装配程序
rPick3	减速器抓取程序
rPut3	减速器装配程序
rPick4	端盖抓取程序
rPut4	端盖装配程序
rPutMotor	装配好的电动机入库存放搬运程序

表 7-3 程序数据

程序数据	存储数据	数据类型	说　　明
nRbtStat	PERS	num	机器人当前工作状态
nWPno	PERS	num	装配零件类型
nTool	PERS	num	抓取工具
nSet	PERS	num	完成的装配套数

任务 2　创建用于伺服电动机装配的机器人工作站用户自定义界面

1. 使用 ScreenMaker 创建一个新项目

（1）在"控制器（C）"功能选项卡中单击"示教器"，选择"ScreenMaker"，如图 7-16 所示。

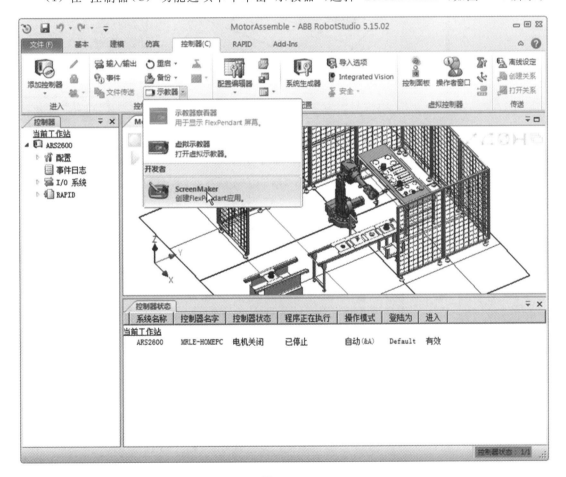

图 7-16

（2）在"ScreenMaker"功能选项卡中单击"项目—新建"，如图 7-17 所示。

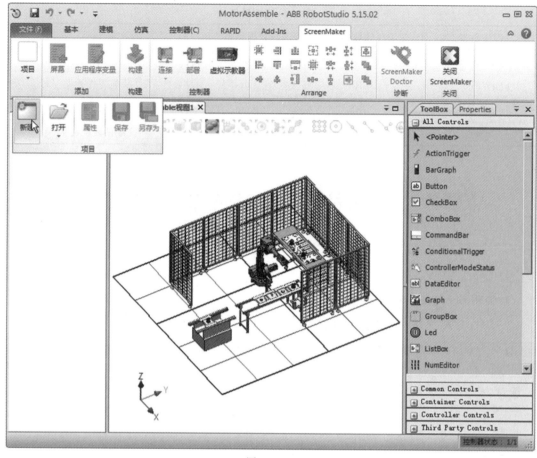

图 7-17

（3）选择"Simple Project"，设置该项目名称与位置，单击"确定"，如图 7-18 所示。

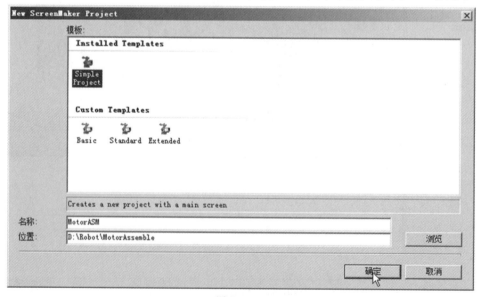

图 7-18

（4）设置 GUI 界面标题，如图 7-19 所示。单击选择"Properties"（属性）窗口，将"Text"属性值设置为"伺服电机装配工作站"。

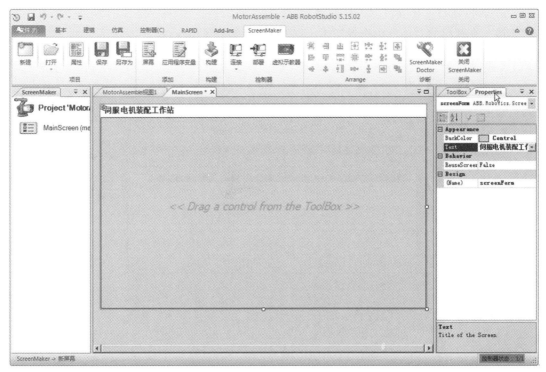

图 7-19

（5）设置应用程序属性，如图 7-20 所示。在"ScreenMaker"功能选项卡中单击"属性"，在弹出的对话框中将"应用程序标题"设置为"伺服电机装配"，"Startup"（启动）设置为"自动"。当示教器启动时，该项目的 GUI 界面会自动启动。其他项保持默认设置。

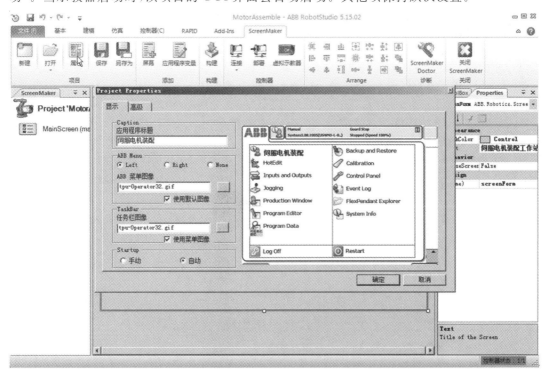

图 7-20

（6）将该项目连接到机器人控制器，如图 7-21 所示。在"ScreenMaker"功能选项卡中单击"连接"，在弹出的对话框中选择"ARS2600"系统，单击"Connect"。

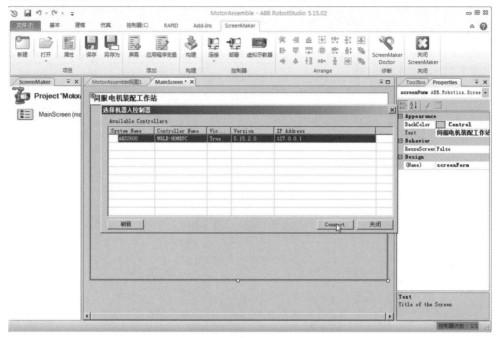

图 7-21

ScreenMaker 项目文件可以独立设计与保存，只有建立项目与机器人系统的连接后，在界面设计的过程中才可以访问机器人工作站中的 I/O 变量、程序和数据。

2. 使用 ScreenMaker 对 GUI 界面进行布局设计

（1）添加一个"TabControl"（分页）控件，如图 7-22 所示。点击"Toolbox"（工具箱）窗口，双击或者用鼠标拖放"TabControl"控件。

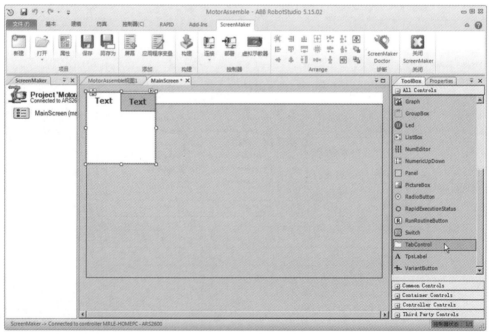

图 7-22

（2）调整"TabControl"控件的大小与位置，如图 7-23 所示。

图 7-23

（3）增加一个分页，如图 7-24 所示。

点击"TabControl"控件右上角的三角形控制按钮，弹出快捷菜单，点击选择"Add new TabPage"。

"Add new TabPage"用于增加分页，"Remove TabPage"用于删除当前分页。

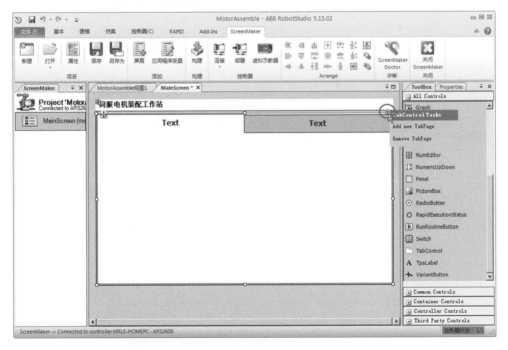

图 7-24

（4）设置分页标题，如图 7-25 所示。

双击分页标题区域①，切换到相应的分页；单击分页布局区域②；点击"Properties"（属性）窗口，设置"Text"属性值。应用该方法，将 3 个分页标题分别设置为"运行状态""外设控制"和"工作站信息"。

图 7-25

（5）保存项目，如图 7-26 所示。

点击"保存"，保存整个项目文件。在工作过程中应周期性地保存修改内容，防止误断电等引起意外损失。

图 7-26

任务 3　设置用于伺服电动机装配的机器人工作站运行状态界面

在用户界面 GUI 设计过程中，需要用到 ToolBox 中的控件进行功能的组织与安排。表 7-4 列出了可以拖放至设计区域的 GUI 控件。

表 7-4　可以拖放至设计区域的 GUI 控件

控　件	描　述
ActionTrigger	在信号或 RAPID 数据发生改变时允许运行一系列动作
BarGraph	使用柱形图模拟相应的值
Button	按钮控件，提供一种简单的触发事件的方法，通常用来执行命令。该控件可以使用图片或文字作为标签
CheckBox	允许在多个选项中做多重选择。该控件显示为空白方框（未选中状态）或标记符号（选中状态）
ComboBox	允许在列表中选择项目的控件，将下拉列表和文本框组合在一起。可以选择直接输入值或在列表中选择已存在的选项
CommandBar	为屏幕窗口提供菜单系统
ConditionalTrigger	可在定义动作触发器时定义条件。数据绑定的值发生任何变化都将触发动作
ControllerModeStatus	显示控制器模式（自动或手动）
DataEditor	可以用来编辑数据的文本框控件
Graph	表示使用线或条的绘图数据控件
GroupBox	在一组控件外显示的框架。框架内包括一组图形组件，通常在框架上方会显示标题
LED	显示两个状态值，如数字信号
ListBox	显示项目列表的控件。通常是静态多行文本框，允许用户在列表中选择一个或多个选项
NumEditor	用来编辑数字的文本框控件。单击该控件将弹出一个数字软键盘
NumericUpDown	数值设置控件（用箭头控制数值大小）
Panel	用来分组控件集合
PictureBox	表示可显示图片的图片框
RadioButton	仅允许选择一个预先设定的选项

控　件	描　述
RapidExecutionStatus	显示控制器 RAPID 域的执行状态
RunRoutineButton	Windows 按钮控件。单击该按钮将调用一个 RAPID 例行程序
Switch	显示并允许改变两个状态值,如数字输出信号
TabControl	控制一组选项卡页面
TpsLabel	显示文本最常使用的窗口小部件,标记通常为静态,即没有任何交互性。标记通常可确定附近的文本框或其他图形组件
VariantButton	用于更改 RAPID 变量或应用程序变量的值

本任务中,生产状况信息显示:机器人当前状态与程序数据 nRbtStat 相关联,抓取工具与程序数据 nTool 相关联,当前装配零部件与程序数据 nWPno 相关联。程序数据的值及其含义如表 7-5 所示。

表 7-5　程序数据的值及其含义

程序数据	值	含　义
nRbtStat	0	机器人位于 HOME 点就绪
	1	机器人正执行装配动作
	2	机器人正在存放装配体
nTool	0	气缸抓手
	1	真空吸盘
nWPno	0	伺服电动机
	1	电动机底座
	2	电动机主轴
	3	减速器
	4	端盖

在编程的时候,当程序数据的值发生变化时,需要在 GUI 界面中做出响应。文字提示需要用到 TpsLabel 控件,具体实现过程参考以下操作步骤。

1. 添加文字提示信息

(1) 添加第一个 TpsLabel 控件"TpsLabel1",如图 7-27 所示。

在"ToolBox"窗口中双击"TpsLabel"控件,调整"TpsLabel1"的位置,合理布局。

图 7-27

（2）设置"TpsLabel1"的属性，如图 7-28 所示。

选择"Properties"窗口，设置"Text"属性值为"机器人当前状态"、"TextAlignment"属性值为"TopCenter"、"Size"属性值为"145,30"。也可以用鼠标调整控件至合适大小。

图 7-28

（3）添加第二个 TpsLabel 控件"TpsLabel2"，并设置多状态值，如图 7-29 和图 7-30 所示。

在"ToolBox"窗口中双击"TpsLabel"控件，再选择"Properties"窗口，设置"BackColor"属性值为"PaleTurquois"、"BorderStyle"属性值为"FixedSingle"、"Size"属性值为"200,30"；然后单击属性"AllowMultipleStates"，在弹出的对话框中勾选"Allow Multi-States"和"Text"；单击属性"SelectedStateIndex"右侧的三角形按钮，在弹出的菜单中选择"绑定至控制器对象"。

操作技巧：两个控件的高度设置为相同值时，可以在调整位置时使用栅格线进行对齐摆放。

图 7-29

图 7-30

（4）将"TpsLabel2"的显示信息与程序数据 nRbtStat 关联起来，如图 7-31 所示。

在弹出的话框中将"对象类型"设置为"Rapid 数据"，"模块"选择"motorAsm"，"num data"选择"nRbtStat"。

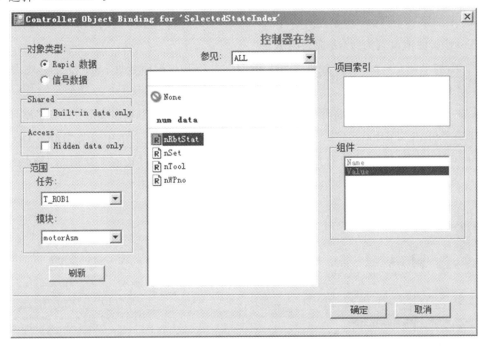

图 7-31

（5）设置"TpsLabel2"多状态索引对应的文字提示信息，如图 7-32 所示。

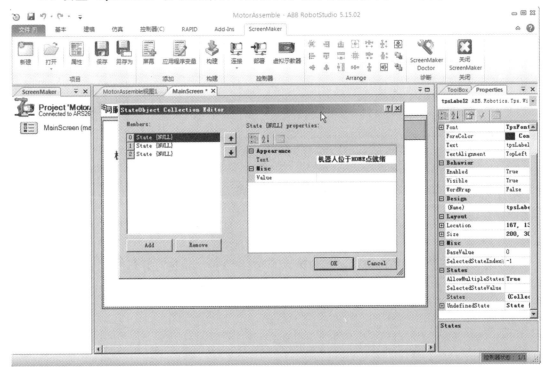

图 7-32

259

单击属性"States"右侧的按钮,在弹出的对话框中点击"Add"3次,添加3个状态值。

依次将0、1、2的"Text"属性值设置为"机器人位于HOME点就绪""机器人正执行装配动作"和"机器人正在存放装配体"。

(6)添加第三个TpsLabel控件"TpsLabel3",参考"TpsLabel1"的添加与设置方法,并将其"Text"属性值设置为"已完成装配数量"。

(7)添加第四个TpsLable控件"TpsLabel4",并将其与程序数据nSet相关联,如图7-33和图7-34所示。

添加TpsLabel控件,并将其"BorderStyle"属性值设为"FixedSingle"、"Size"属性值设为"100,30";单击"TpsLabel4"右上角的三角形按钮,在弹出的菜单中选择"Bind Text to a Controller Object";在弹出的对话框中将"对象类型"设置为"Rapid数据","模块"选择"motorAsm","num data"选择"nSet"。

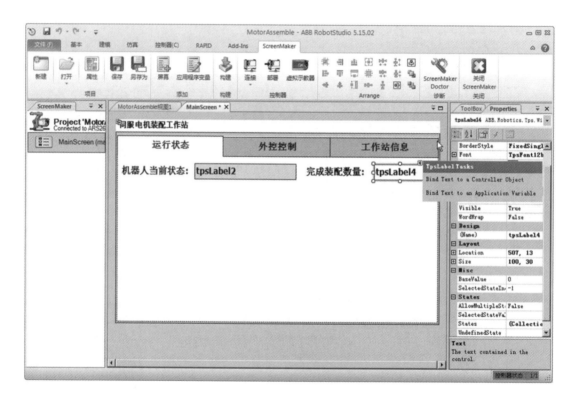

图7-33

(8)添加第五个控件"TpsLabel5"和第六个控件"TpsLabel6",并将其"Text"属性值分别设置为"当前装配零件"和"抓取工具",并调整其位置,合理布局。

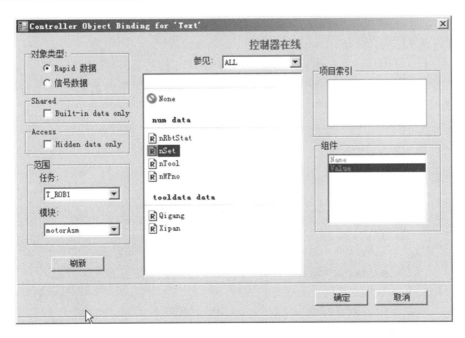

图 7-34

2．添加图形提示信息

在 GUI 界面中，可以使用 PictureBox 控件，添加图形、图像，直观地显示状态信息。设置抓取工具与正在装配零件的图形提示信息的操作步骤如下。

（1）添加 PictureBox 控件"PictureBox1"，如图 7-35 所示。

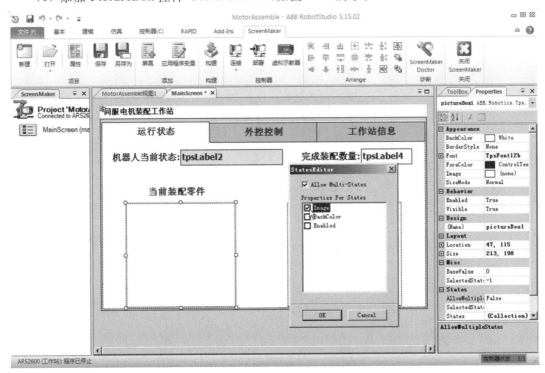

图 7-35

在"ToolBox"窗口中双击"PictureBox"控件，调整其大小和位置；在"Properties"窗口中单击"AllowMultipleStates",在弹出的对话框中勾选"Allow Multi-States"和"Image";设置"SizeMode"属性值为"StretchImage"。

（2）将"PictureBox1"关联到程序 nWPno，如图 7-36 和图 7-37 所示。

设置"SelectedStateIndex"属性值为"绑定至控制器对象"；在弹出的对话中将"对象类型"设置为"Rapid 数据"，"模块"选择"motorAsm"，"num data"选择"nWPno"。

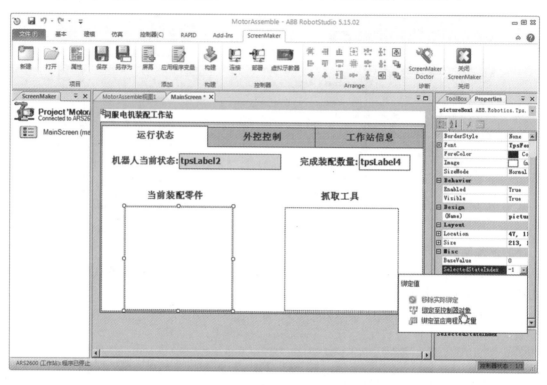

图 7-36

图 7-37

（3）将图片与程序数据 nWPno 关联起来，如图 7-38 和图 7-39 所示。

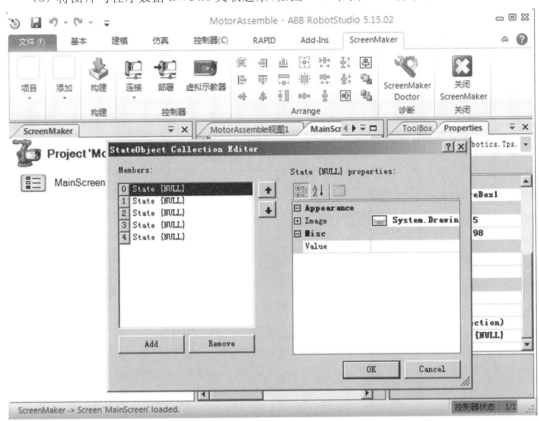

图 7-38

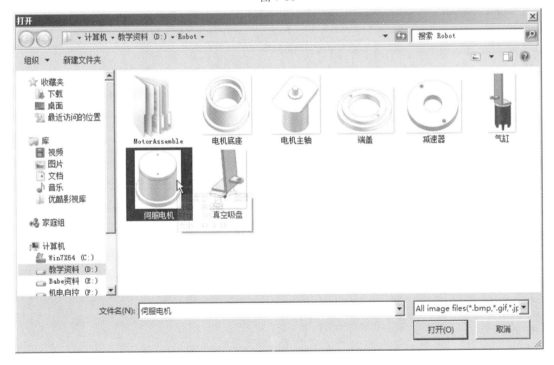

图 7-39

选中"PictureBox1",点击"States"属性,打开对话框,点击"Add",添加 4 个选项,并选中"0"的 Image 选项,然后选择与 nWPno＝0 相对应的"伺服电机"图片;再依次选择与 nWPno＝1～4 对应的图片,即"电机底座""电机主轴""减速器"和"端盖"。

（4）添加 PictureBox 控件"PictureBox2"。

（5）将"PictureBox2"关联到程序 nTool,如图 7-40 所示。

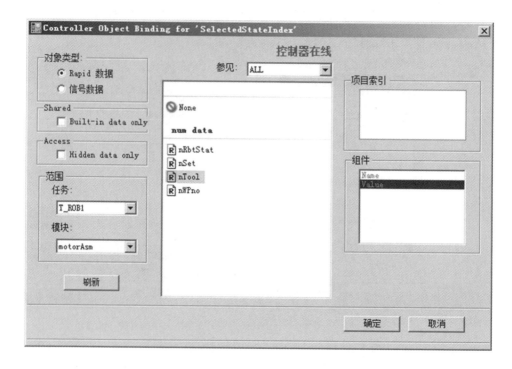

图 7-40

（6）设置对应图片:nTool＝0 对应"气缸",nTool＝1 对应"真空吸盘"。

设置"SelectedStateIndex"属性值为"绑定至控制器对象"。

提示:设置方法参考第(3)步。

3. 调试运行状态界面

通过调试确认设计的运行状态界面是否能正常运行,具体操作过程如下。

（1）构建项目并将其部署到控制器中,如图 7-41 所示。

在"ScreenMaker"功能选项卡中单击"构建—部署"。

（2）将 RAPID 程序及数据同步到控制器中,如图 7-42 所示。

在"基本"功能选项卡中单击"同步",勾选图示选项后,单击"确定"。

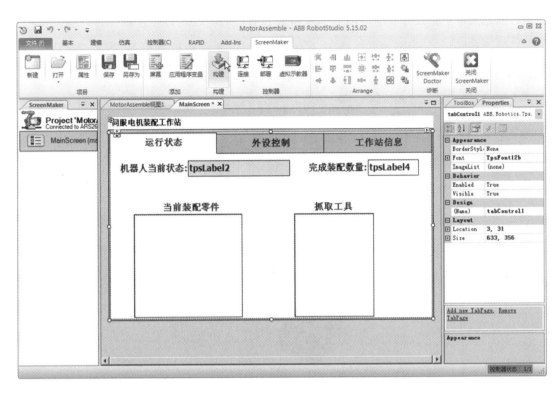

图 7-41

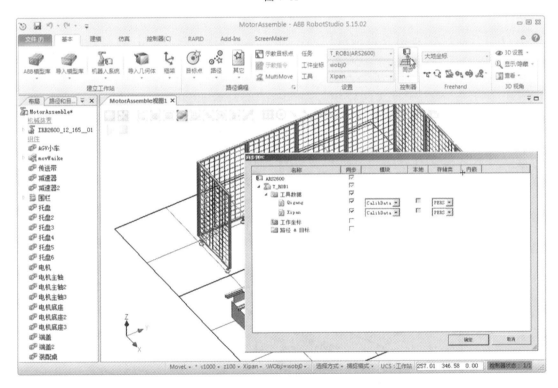

图 7-42

（3）重启控制器，如图 7-43 所示。

在"控制器（C）"功能选项卡中单击"重启"，单击"是（Y）"确认后，等待控制器重新启动完成。其完成标志是软件界面右下方的控制状态"控制器状态：1/1"依次由红色变成黄色，最后变成绿色。

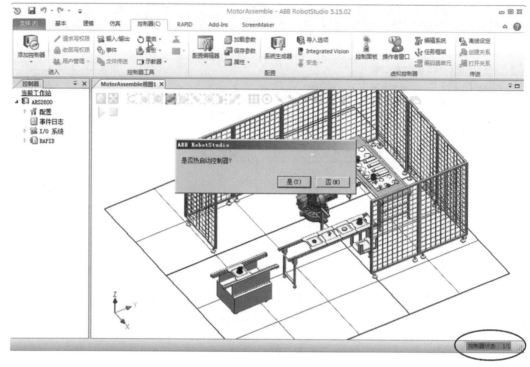

图 7-43

（4）打开示教器，如图 7-44 所示。

在"控制器(C)"功能选项卡中，单击"控制器"，选择"虚拟示教器"。

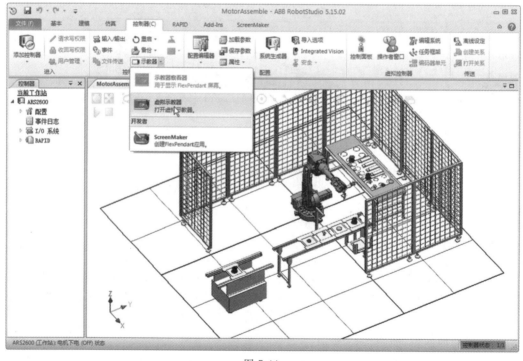

图 7-44

（5）系统上电并切换到自动模式。

（6）控制程序指针回到主程序起始位置，点击"PP 移至 Main"，如图 7-45 所示。

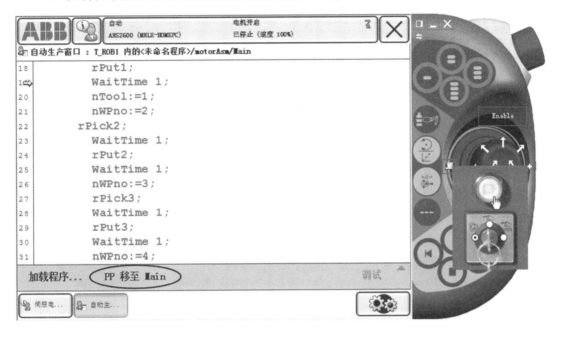

图 7-45

（7）打开"伺服电机装配"GUI 界面，如图 7-46 所示，有两种方法实现：

① 单击示教器下方的"伺服电机装配"按钮图标；

② 单击示教器左上方的"ABB"图标，打开系统界面，然后选择"伺服电机装配"选项。

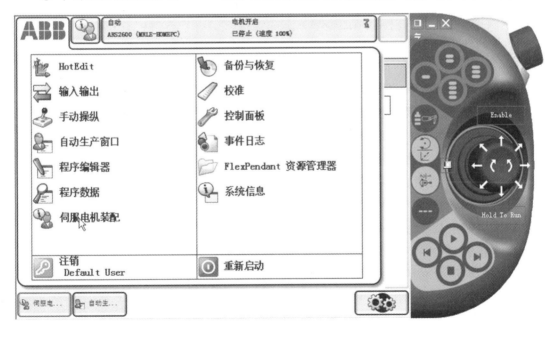

图 7-46

（8）点击启动按钮，运行系统程序，查看 GUI 界面的变化，如图 7-47 所示。

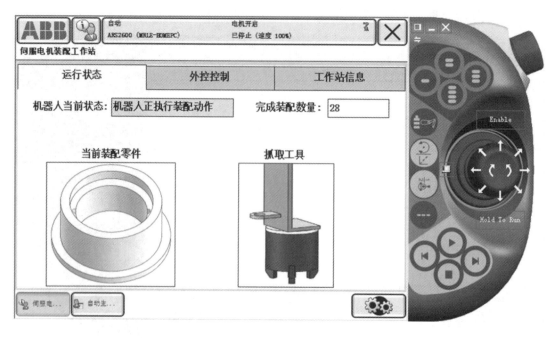

图 7-47

任务 4　设计用于伺服电动机装配的机器人工作站外设控制用户界面

1. 使用 ScreenMaker 设置工作站执行初始化的功能

（1）添加运行例行程序按钮"runRountineButton1"，如图 7-48 所示。

双击"外设控制"分页标题，双击"ToolBox"窗口中的"RunRoutineButton"控件，调整"RunRoutineButton1"的大小与位置。

（2）将"RunRoutineButton1"关联到初始化程序 rInitAll，如图 7-49 所示。

设置"Text"属性值为"工作站初始化"，在"Properties"窗口中单击"RountineToCall"调出对话框，"模块"选择"motorAsm"，例行程序选择"rInitAll"，然后单击"确定"。

2. 使用 ScreenMaker 设置装配夹持气缸动作控制的功能

（1）添加 Switch（开关）控件，如图 7-50 所示。

双击"ToolBox"窗口中的"Switch"控件，调整"Switch1"的大小与位置，设置"Switch1"的"Text"属性值为"气缸 1 打开/关闭"。

图 7-48

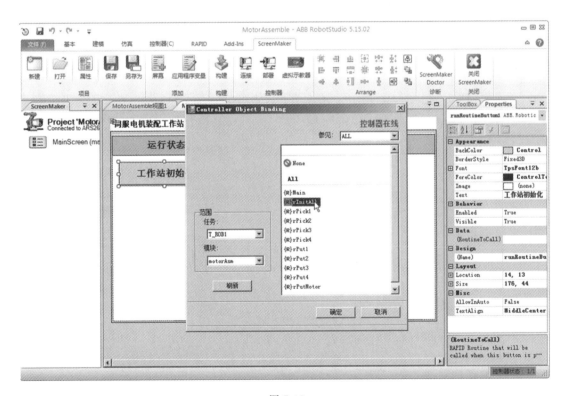

图 7-49

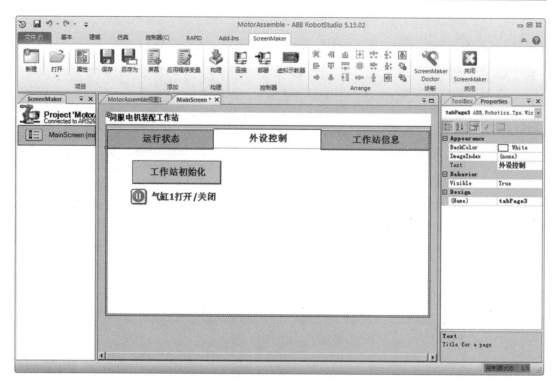

图 7-50

（2）将"Switch1"关联到 I/O 信号 DO_air1，如图 7-51 所示。

在"Properties"窗口中单击"value"右边的三角形按钮，选择"绑定至控制器对象"，弹出图示对话框，"对象类型"选择"信号数据"，"Digital data"选择"Do_air1"。

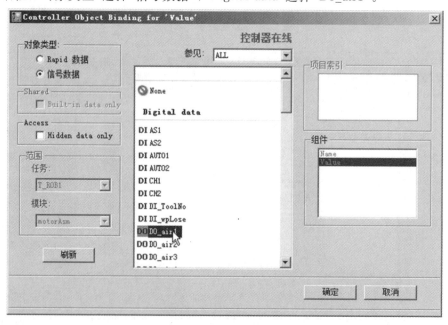

图 7-51

（3）添加其他 Switch 控件，如图 7-52 所示。

按照第（1）（2）步的方法，再添加 5 个 Switch 控件，将其分别关联到 I/O 信号的 DO_air2

（气缸 2 打开/关闭）、DO_air3（气缸 3 打开/关闭）、DO_air4（气缸 4 打开/关闭）、DO_Xipan（真空吸盘控制）、DO_Kazhua（卡爪控制）。

图 7-52

3. 使用 ScreenMaker 设置装配工作台移动距离的功能

（1）添加 TpsLabel 控件，如图 7-53 所示。

在"ToolBox"窗口中双击"TpsLabel"控件，将"TpsLabel1"的"Text"属性值设置为"装配台平移距离(mm)"。

图 7-53

（2）添加 NumEditor 控件，如图 7-54 所示。

在"ToolBox"窗口中双击"NumEditor"控件，设置"NumEditor1"的"Size"属性值为
"100,30"、"Minimum"属性值为"0"、"Maximum"属性值为"500"。

图 7-54

（3）将"NumEditor1"关联到 I/O 信号 GO_dskOffset，如图 7-55 所示。

在"Properties"窗口中单击"value"右边的三角形按钮，选择"绑定至控制器对象"，弹出
图示对话框，"对象类型"选择"信号数据"，"Digital data"选择"GO_dskOffset"。

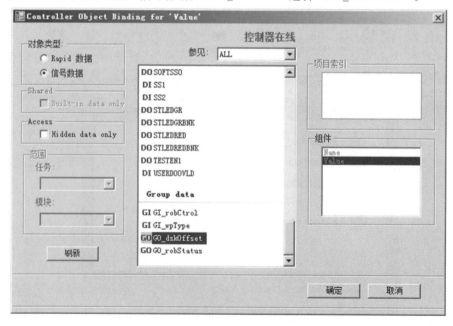

图 7-55

4. 调试外设控制自定义用户界面

（1）构建项目并将其部署到控制器中，如图 7-56 所示。

在"ScreenMaker"功能选项卡中单击"构建—部署"。

图 7-56

（2）将 RAPID 程序及数据同步到控制器中，如图 7-57 所示。

在"基本"功能选项卡中单击"同步"，勾选图示选项后，单击"确定"。

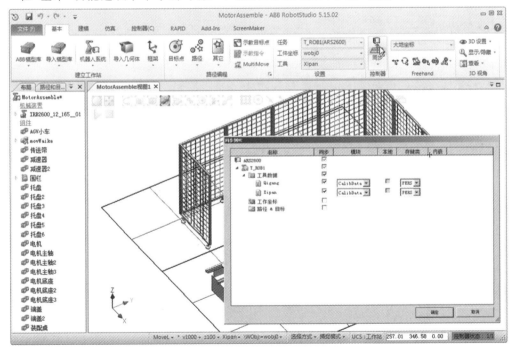

图 7-57

（3）重启控制器，如图 7-58 所示。

在"控制器（C）"功能选项卡中单击"重启"，单击"是（Y）"确认后，等待控制器重新启动完成。其完成标志是软件界面右下方的控制状态"控制器状态：1/1"依次由红色变成黄色，最后变成绿色。

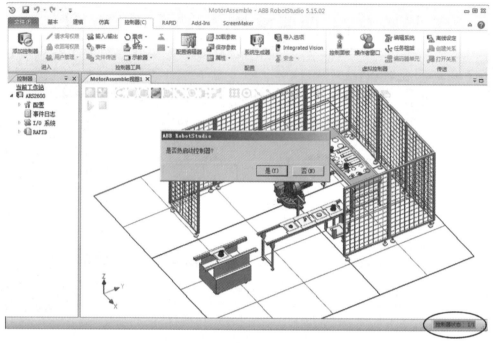

图 7-58

（4）打开示教器，如图 7-59 所示。

在"控制器（C）"功能选项卡中，单击"控制器"，选择"虚拟示教器"。

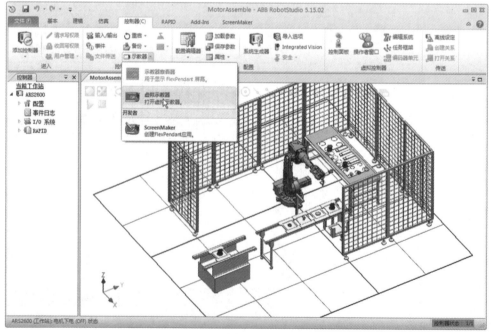

图 7-59

（5）系统上电并切换到手动模式。

（6）控制程序指针回到主程序起始位置，单击"PP 移至 Main"。

（7）压下"Enable"按钮，如图 7-60 所示。

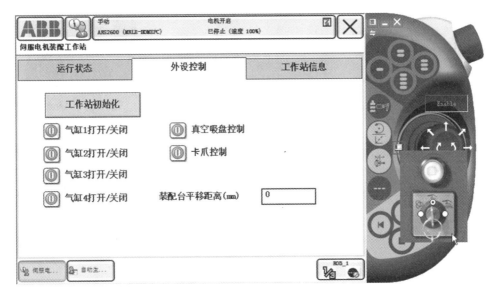

图 7-60

（8）打开"伺服电机装配"GUI 界面，如图 7-61 所示，有两种方法实现：

① 单击示教器下方的"伺服电机装配"按钮图标；

② 单击示教器左上方的"ABB"图标，打开系统界面，然后选取"伺服电机装配"选项。

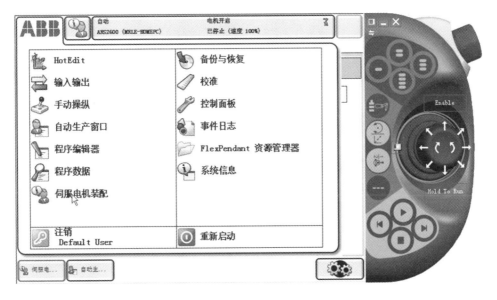

图 7-61

（9）切换到外设控制页面，点击各个按钮，查看 GUI 界面的变化，如图 7-62 所示。

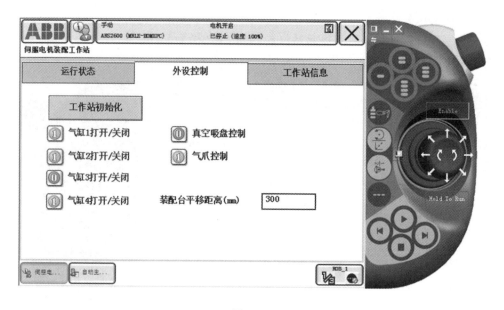

图 7-62

思考与实训

（1）了解 ScreenMaker 的作用。

（2）补充完善本项目中"工作站信息"用户界面的设计，并调试运行。

项目 8　RobotStudio 的在线功能

学习目标

（1）掌握 RobotStudio 与机器人的连接操作。

（2）掌握 RobotStudio 在线备份与恢复操作。

（3）熟练运用 RobotStudio 进行在线 RAPID 程序编辑。

（4）熟练运用 RobotStudio 在线编辑 I/O 信号。

（5）会用 RobotStudio 在线进行文件传送。

（6）会用 RobotStudio 在线监控机器人及示教器动作状态。

（7）会用 RobotStudio 进行用户权限管理。

（8）会用 RobotStudio 进行机器人系统的创建与安装。

知识要点

（1）RobotStudio 与机器人的连接及权限获取。

（2）使用 RobotStudio 进行备份与恢复。

（3）使用 RobotStudio 在线编辑 RAPID 程序。

（4）使用 RobotStudio 在线编辑 I/O 信号。

（5）使用 RobotStudio 在线传送文件。

训练项目

（1）使用 RobotStudio 与机器人进行连接并获取权限。

（2）使用 RobotStudio 进行备份和恢复操作。

（3）使用 RobotStudio 在线编辑 RAPID 程序。

（4）使用 RobotStudio 在线编辑 I/O 信号。

（5）使用 RobotStudio 在线传送文件。

（6）使用 RobotStudio 在线监控机器人和示教器状态。

（7）使用 RobotStudio 在线设置示教器用户操作管理权限。

（8）使用 RobotStudio 在线创建和安装机器人系统。

任务 1　使用 RobotStudio 与机器人进行连接并获取权限

1. 建立 RobotStudio 与机器人的连接

建立 RobotStudio 与机器人的连接，可使用 RobotStudio 的在线功能对机器人进行监控、设置、编程与管理。

连接方法:将网线的一端连接到计算机的网线端口(设置成自动获取 IP),另一端连接到机器人的专用网线端口(一般 IRC5 的控制柜分为标准型与紧凑型,请按照实际情况进行连接)。

操作步骤如图 8-1 和图 8-2 所示。

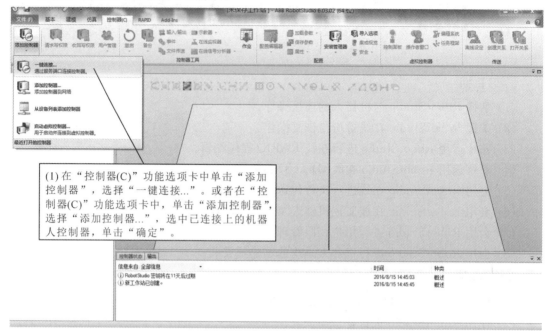

图 8-1

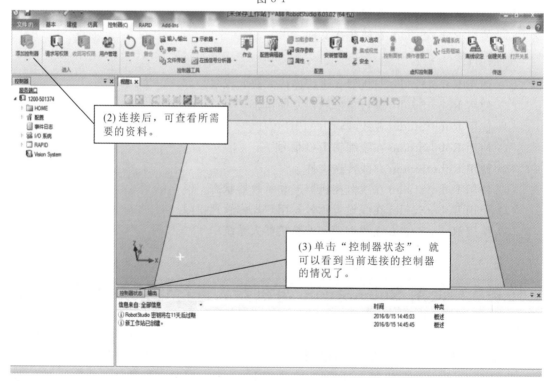

图 8-2

2. 获取 RobotStudio 在线控制权

为防止在 RobotStudio 中错误地修改数据，保证较高的安全性，在对机器人控制器数据进行写操作之前，首先要进行"请求写权限"的操作，以免造成不必要的损失。其操作过程如图 8-3 和图 8-4 所示。

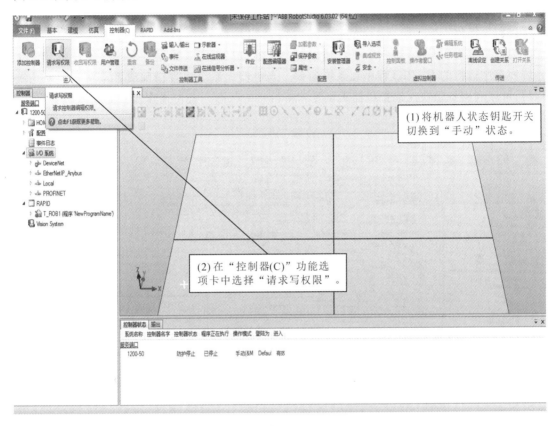

图 8-3

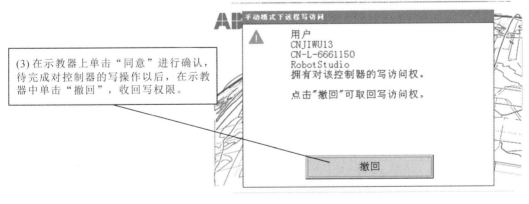

图 8-4

任务 2　使用 RobotStudio 进行备份和恢复操作

1. 备份操作

为使机器人正常运行,应定期对其数据进行备份。机器人数据备份的对象是所有正在系统内存中运行的 RAPID 程序和系统参数。当机器人系统出现错乱或者重新安装新系统以后,可以利用备份快速地把机器人恢复到备份时的状态。备份操作步骤如图 8-5 至图 8-7 所示。

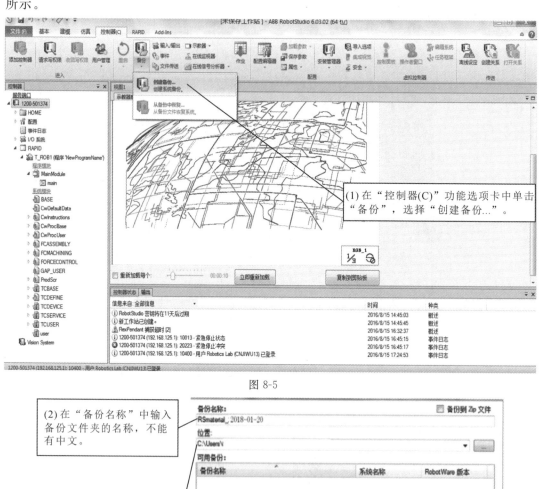

图 8-5

图 8-6

(1) 在"控制器(C)"功能选项卡中单击"备份",选择"创建备份..."。

(2) 在"备份名称"中输入备份文件夹的名称,不能有中文。

(3) 在"位置"中指定备份文件夹的存放位置。

(4) 单击"确定"。

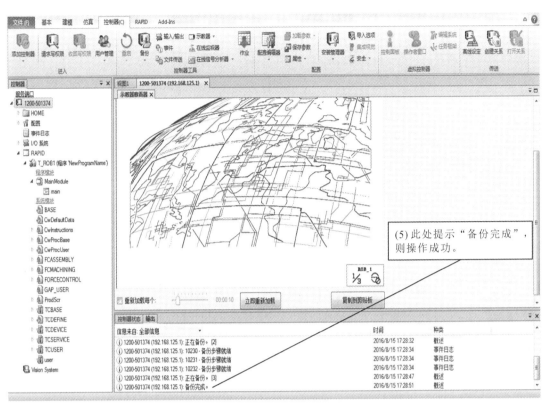

图 8-7

2. 恢复操作

恢复操作步骤如图 8-8 至图 8-10 所示。

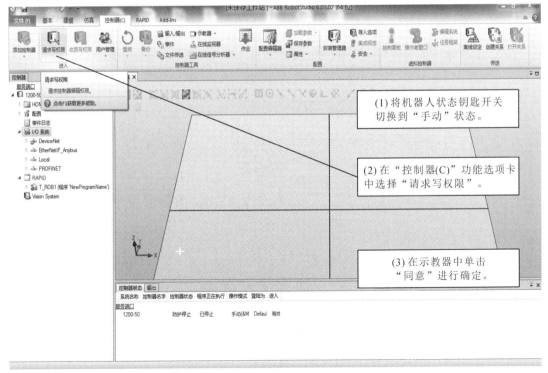

图 8-8

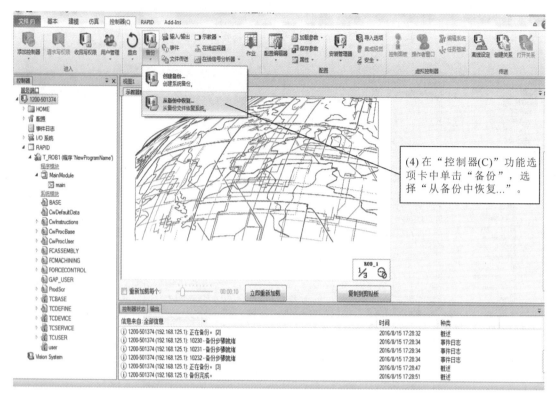

(4) 在"控制器(C)"功能选项卡中单击"备份",选择"从备份中恢复..."。

图 8-9

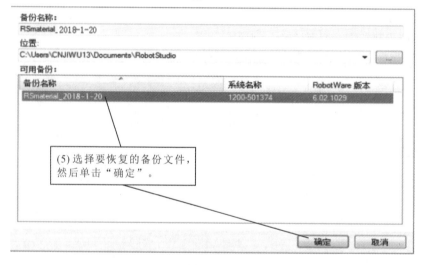

(5) 选择要恢复的备份文件,然后单击"确定"。

图 8-10

任务 3　使用 RobotStudio 在线编辑 RAPID 程序

1. 修改等待时间指令 WaitTime

将程序中的等待时间从 2 s 调整为 3 s,修改步骤如图 8-11 至图 8-14 所示。

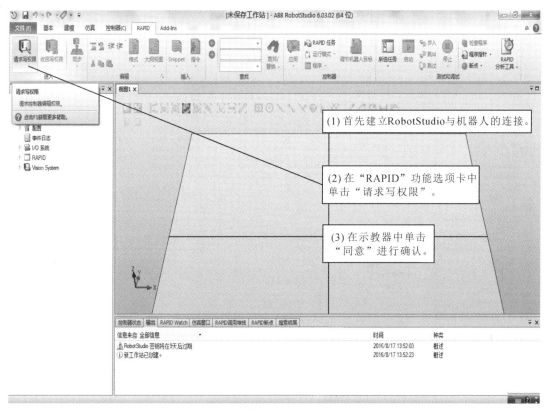

图 8-11

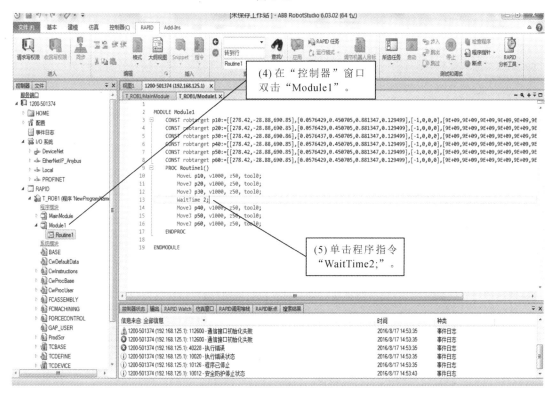

图 8-12

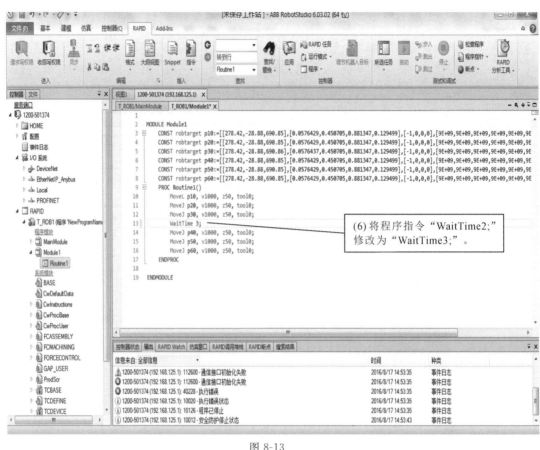

图 8-13

(6) 将程序指令 "WaitTime2;" 修改为 "WaitTime3;"。

(7) 修改完成后，单击 "应用"。

(8) 单击 "是(Y)" 确认修改。

(9) 单击 "收回写权限"。

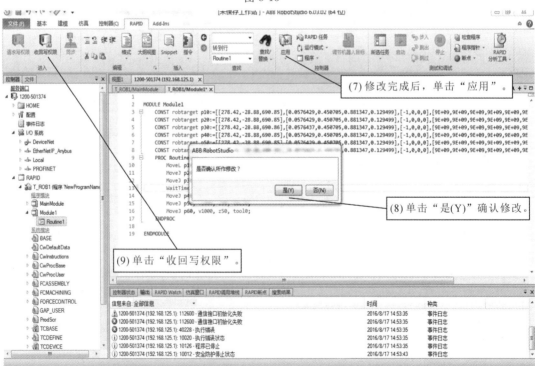

图 8-14

工业机器人离线编程与仿真

284

2. 增加速度设定指令 VelSet

根据需求，将程序中机器人的最高速度限制设为 1000 mm/s，要在程序中移动指令的开始位置之前添加一条速度设定指令。

其操作步骤如图 8-15 至图 8-20 所示。

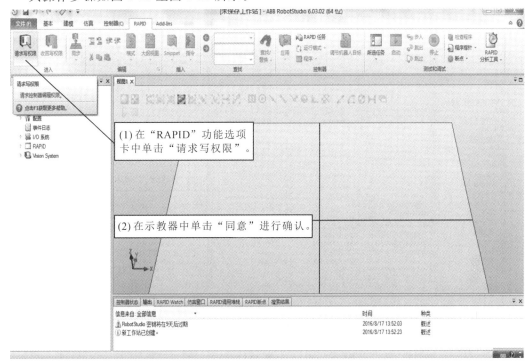

图 8-15

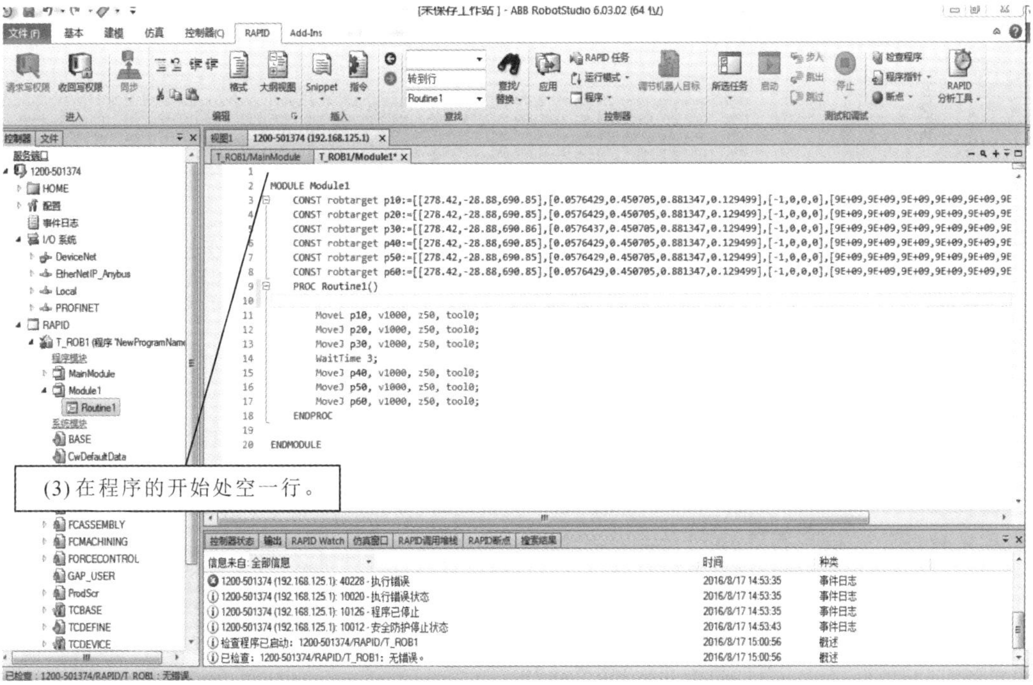

图 8-16

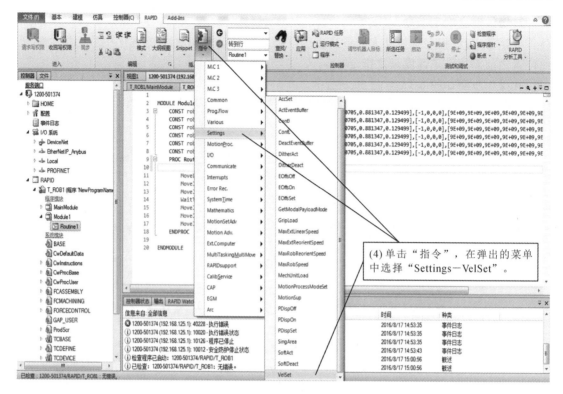

(4) 单击"指令",在弹出的菜单中选择"Settings－VelSet"。

图 8-17

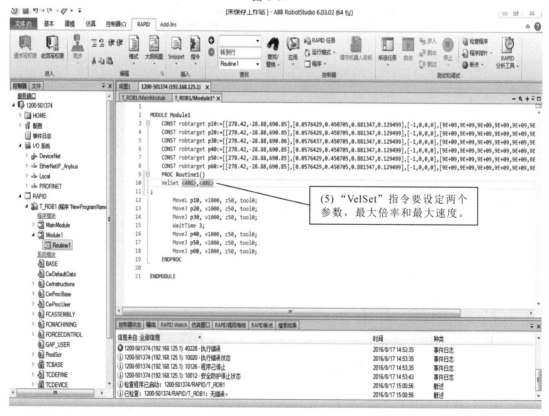

(5) "VelSet"指令要设定两个参数,最大倍率和最大速度。

图 8-18

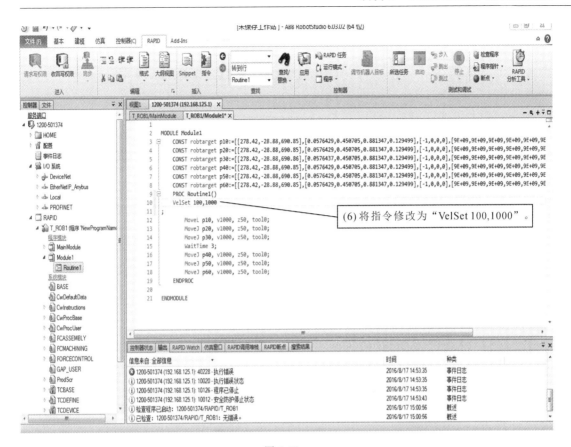

图 8-19

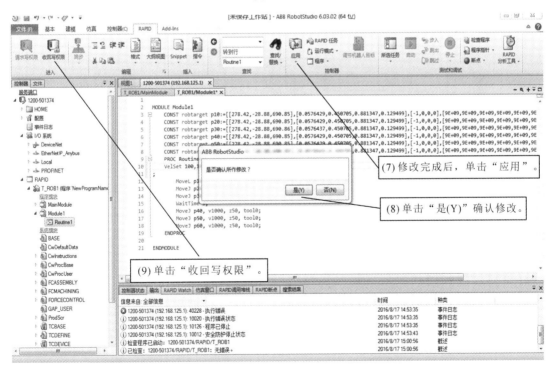

图 8-20

任务 4　使用 RobotStudio 在线编辑 I/O 信号

机器人与外部设备的通信是通过 ABB 标准 I/O 板或现场总线的方式实现的，ABB 标准 I/O 板应用最广泛。本任务以创建一个 I/O 板及添加一个 I/O 信号为例进行讲解。

1. 创建一个 I/O 板 DSQC651

其操作步骤如图 8-21 至图 8-25 所示。

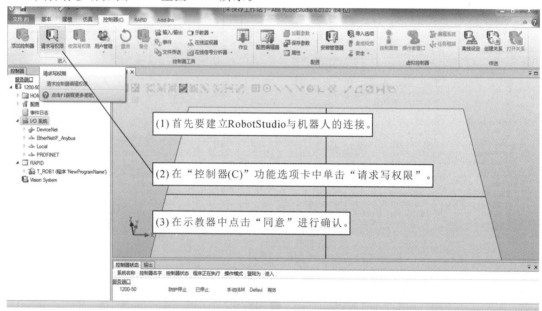

图 8-21

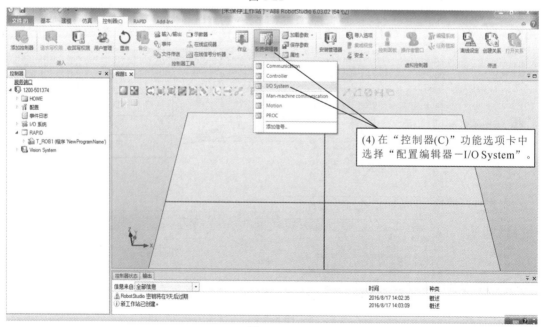

图 8-22

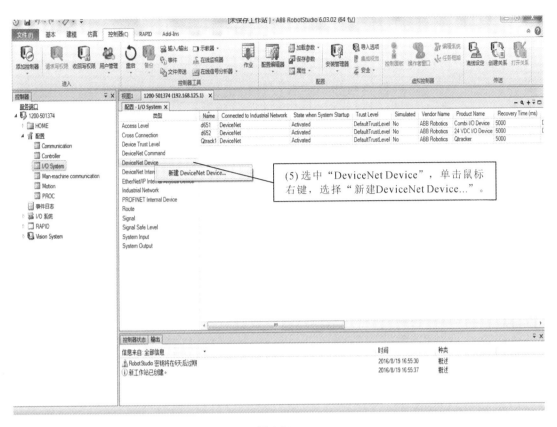

图 8-23

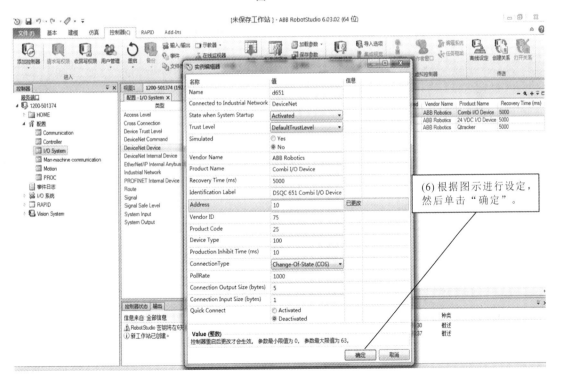

图 8-24

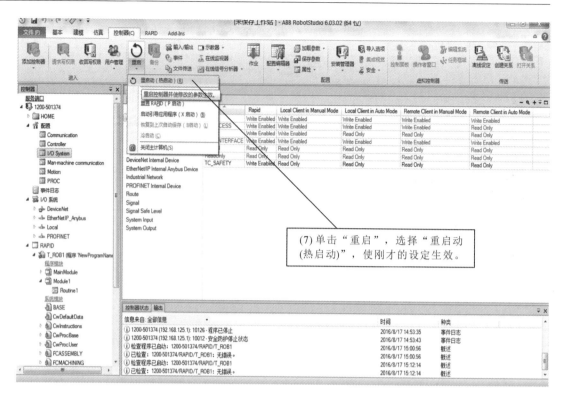

图 8-25

2. 添加一个 I/O 信号

以添加一个数字输入信号为例,具体操作步骤如图 8-26 至图 8-29 所示。

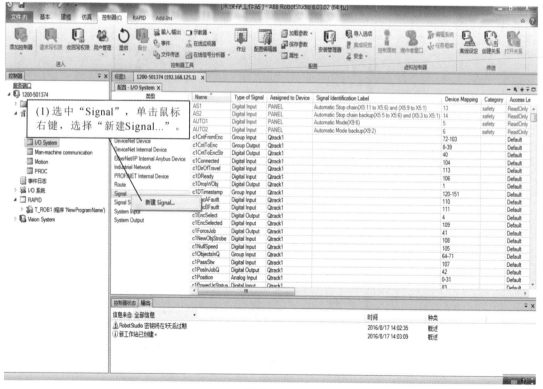

图 8-26

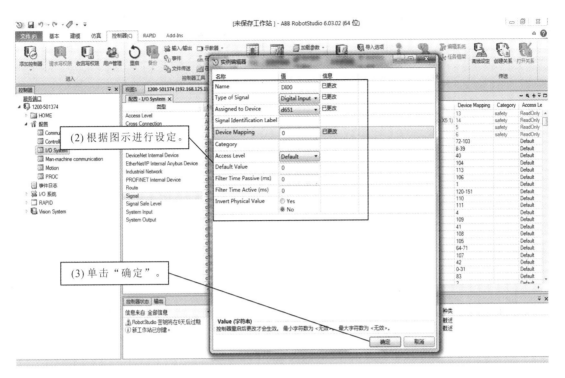

图 8-27

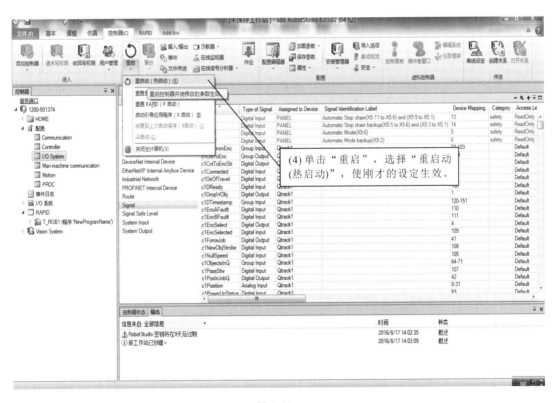

图 8-28

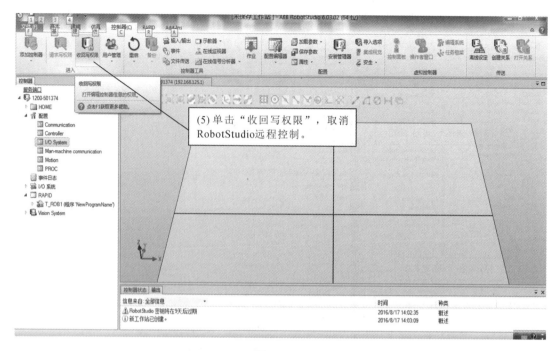

图 8-29

任务 5　使用 RobotStudio 在线传送文件

建立好 RobotStudio 与机器人的连接并且获取写权限以后,可以通过 RobotStudio 进行快捷的文件传送操作,具体操作步骤如图 8-30 至图 8-32 所示。

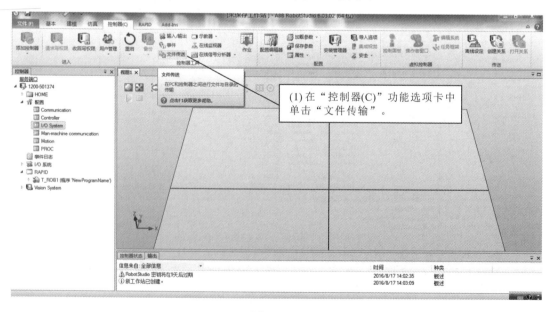

图 8-30

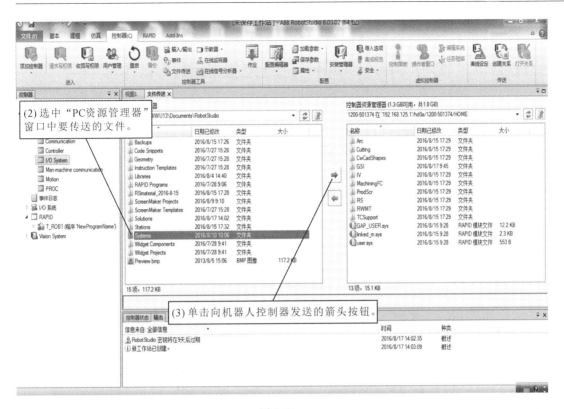

(2) 选中 "PC资源管理器" 窗口中要传送的文件。

(3) 单击向机器人控制器发送的箭头按钮。

图 8-31

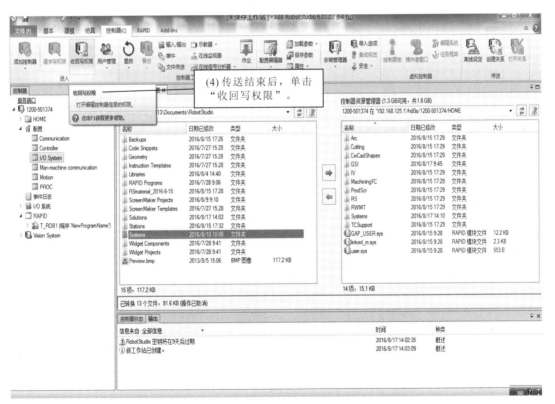

(4) 传送结束后，单击 "收回写权限"。

图 8-32

任务 6　使用 Robotstudio 在线监控机器人和示教器状态

1. 在线监控机器人状态

为方便操作,可在控制器中对机器人的状态进行实时监控。具体操作步骤如图 8-33 和图 8-34 所示。

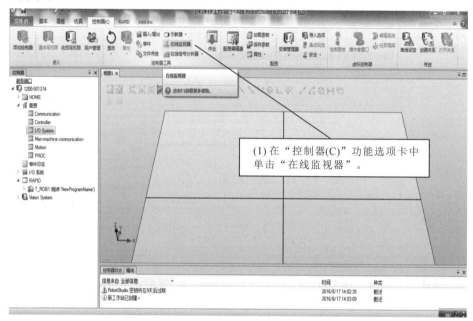

图 8-33

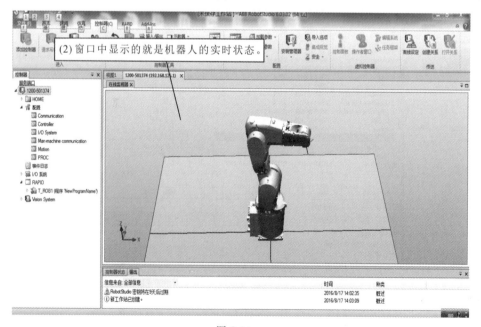

图 8-34

2. 在线监控示教器状态

从控制器中打开示教器,可在线监控示教器状态。具体操作步骤如图 8-35 所示。

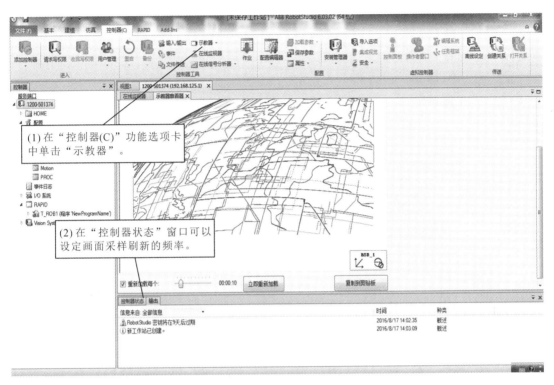

图 8-35

任务 7 使用 RobotStudio 在线设置示教器 用户操作管理权限

用户可根据需要,使用 RobotStudio 在线设置示教器的用户操作管理权限,例如添加管理员操作权限、设置所需要的用户操作权限、更改 Default User 的用户组等。

1. 为示教器添加一个管理员操作权限

具体操作步骤如图 8-36 至图 8-45 所示。

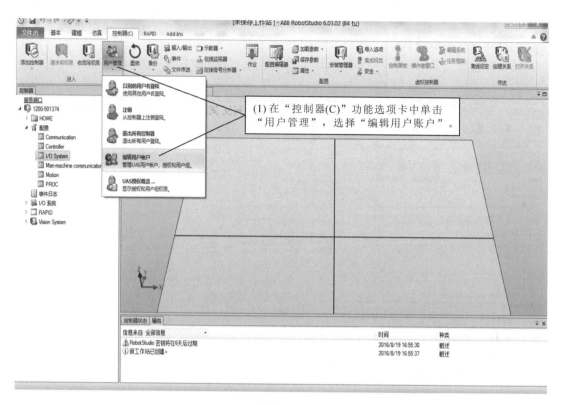

(1) 在"控制器(C)"功能选项卡中单击"用户管理",选择"编辑用户账户"。

图 8-36

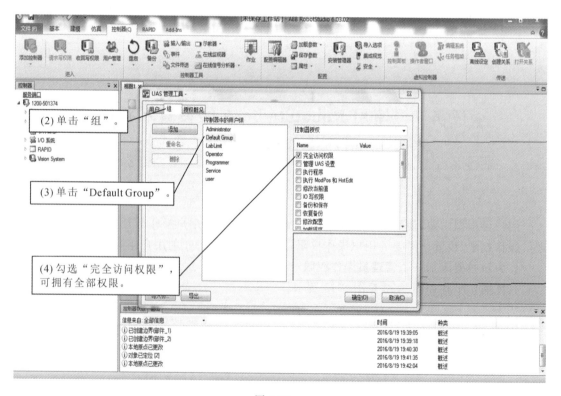

(2) 单击"组"。

(3) 单击"Default Group"。

(4) 勾选"完全访问权限",可拥有全部权限。

图 8-37

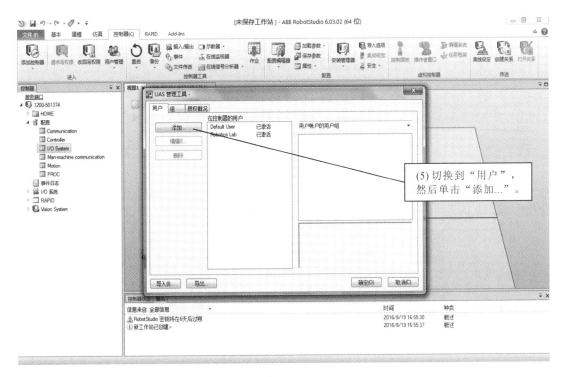

图 8-38

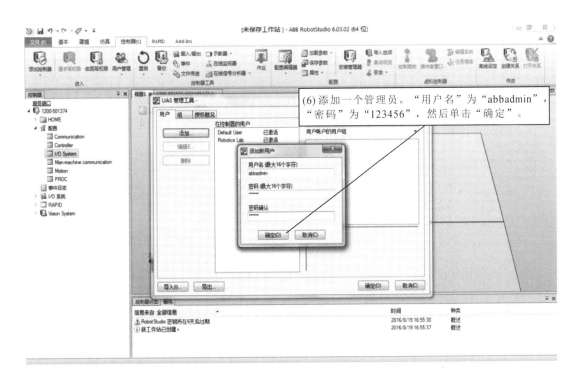

图 8-39

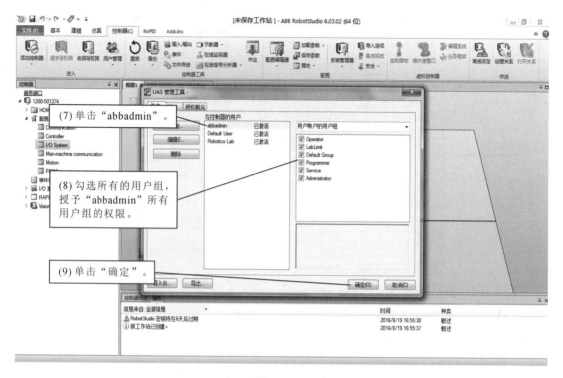

图 8-40

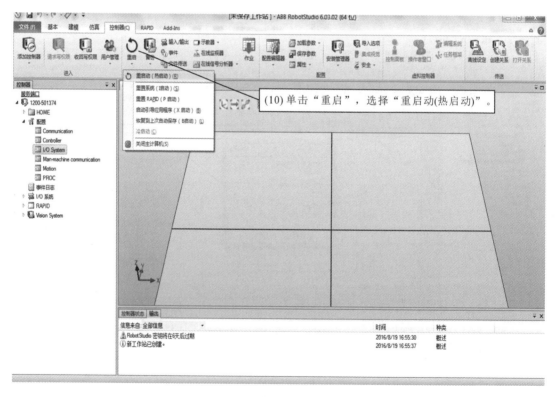

图 8-41

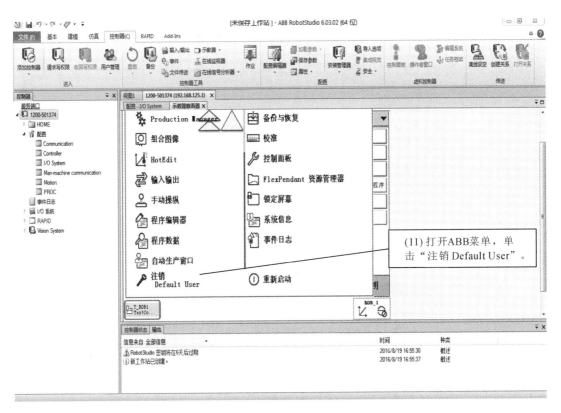

图 8-42

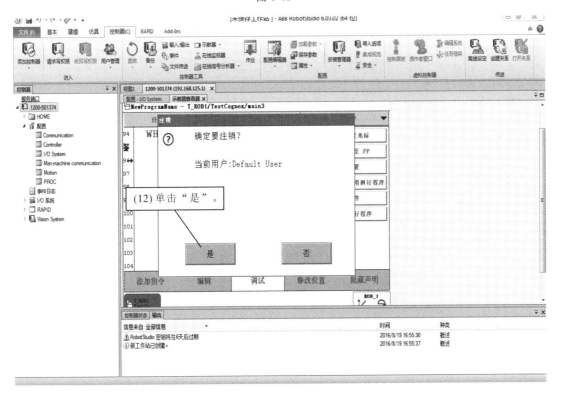

图 8-43

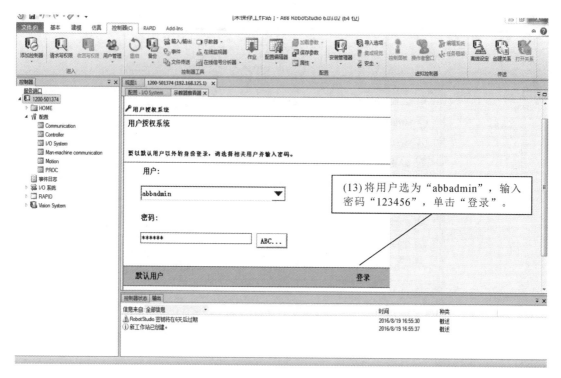

图 8-44

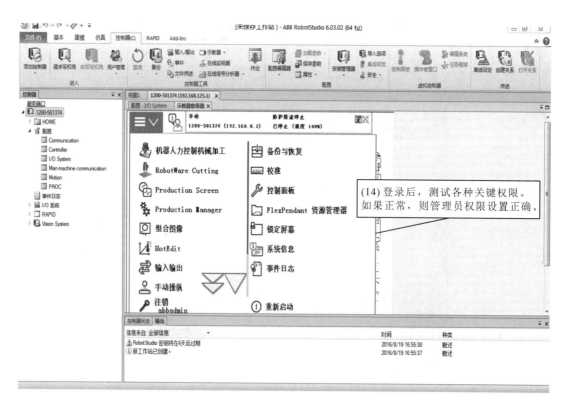

图 8-45

2. 设置所需要的用户操作权限

可以根据需要,设置用户组和用户,以满足管理的需要。具体操作步骤如下:

(1)创建新用户组;

(2)设置新用户组的权限;

(3)创建新的用户;

(4)将用户归类到对应的用户组;

(5)重启系统,测试权限是否正常。

3. 更改 Default User 的用户组

默认情况下,用户 Default User 拥有示教器的全部权限。机器人通电后,默认以用户 Default User 自动登录示教器的操作界面。所以有必要将 Default User 的权限取消掉。

在取消 Default User 的权限之前,要确认系统中已有一个具有全部管理员权限的用户,否则有可能造成示教器的权限锁死,无法进行任何操作。具体操作步骤如图 8-46 至图 8-49 所示。

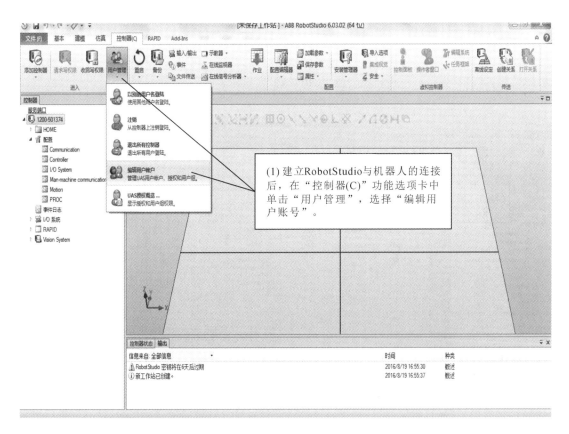

图 8-46

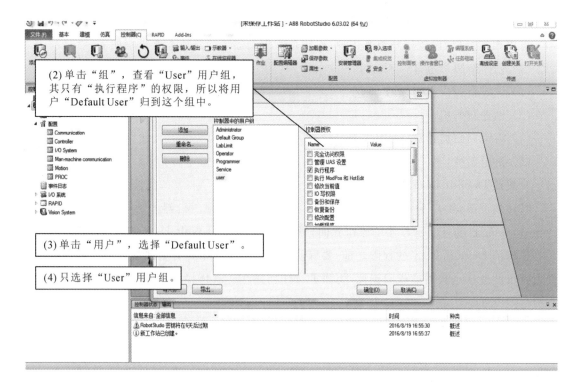

图 8-47

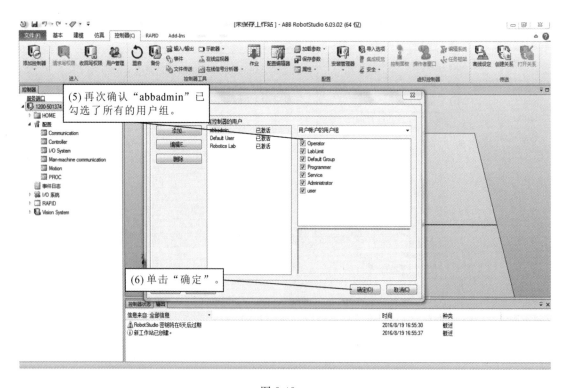

图 8-48

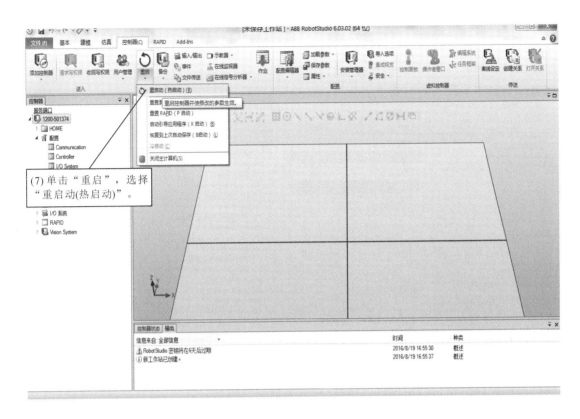

图 8-49

热启动完成后,在示教器上进行用户的登录测试,如果一切正常,就完成更改了。

任务 8　使用 RobotStudio 在线创建和安装机器人系统

当机器人系统无法正常启动或需要为当前的机器人系统添加新的功能选项时,可以重装机器人系统,但重装系统是有风险的,请谨慎操作。

1. 通过备份创建系统

通过备份可创建系统,具体操作步骤如图 8-50 至图 8-56 所示。

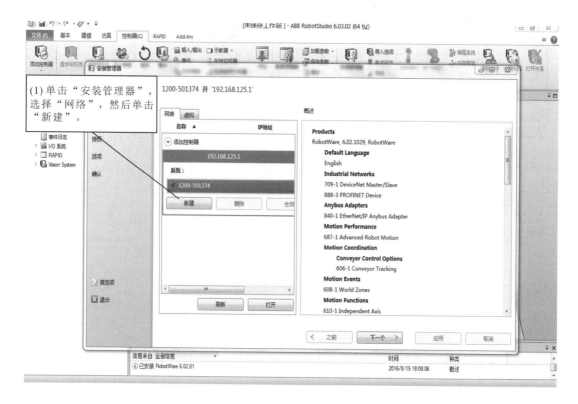

图 8-50

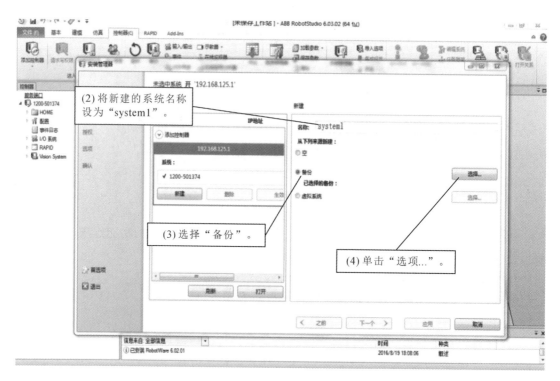

图 8-51

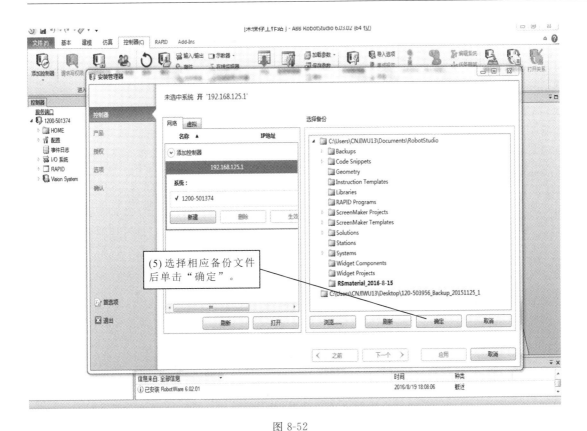

图 8-52

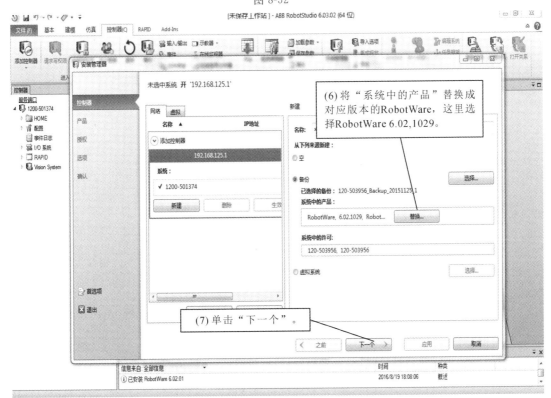

图 8-53

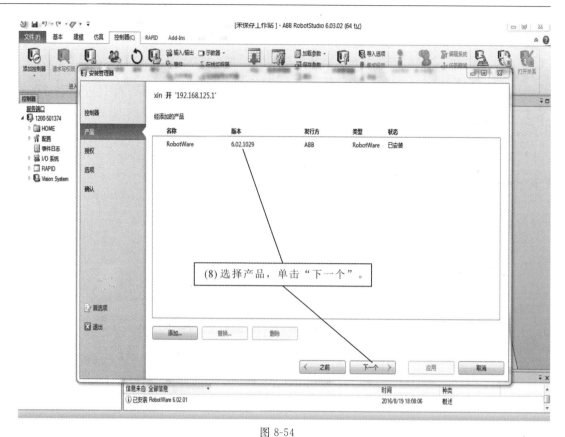

图 8-54

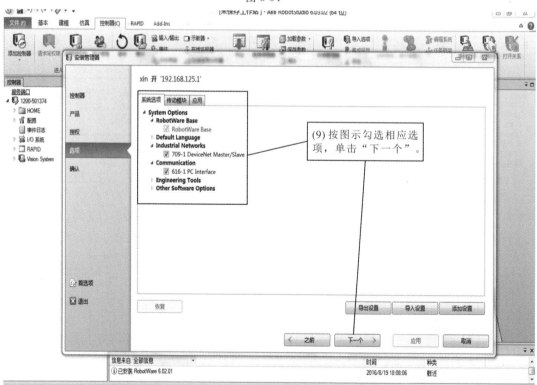

图 8-55

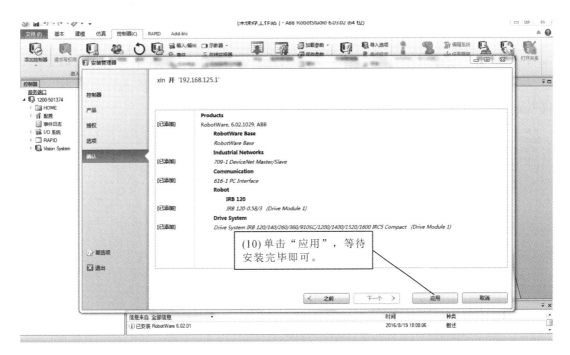

图 8-56

此时，从备份创建系统并安装完成。

2. 通过控制器与许可文件创建系统

通过控制器与许可文件可创建系统，具体操作步骤如图 8-57 至图 8-66 所示。

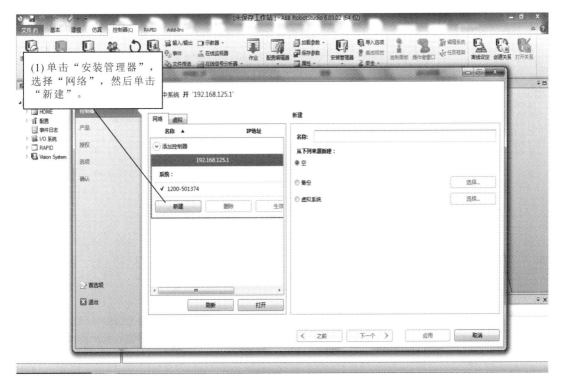

图 8-57

工业机器人离线编程与仿真

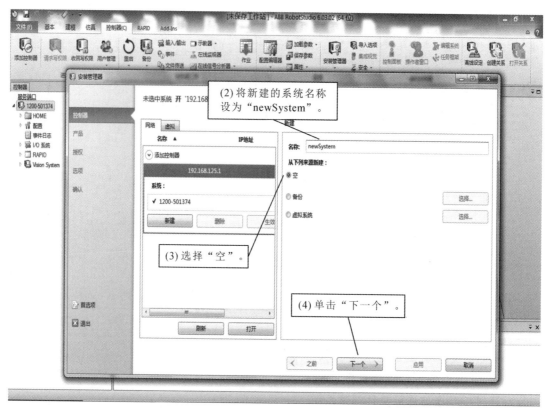

图 8-58

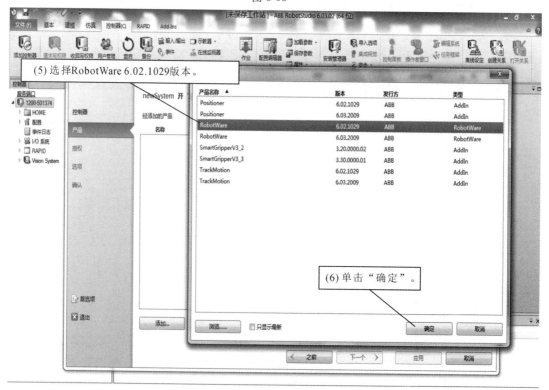

图 8-59

308

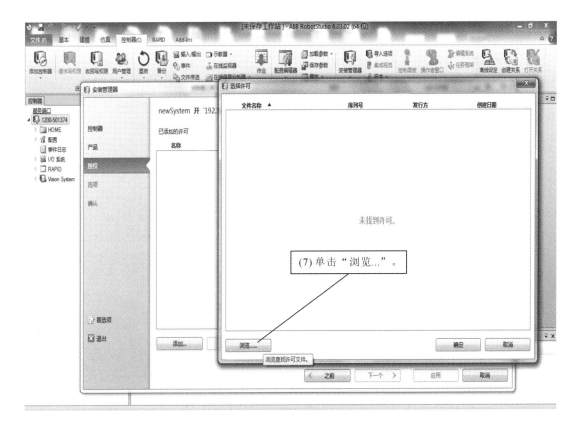

图 8-60

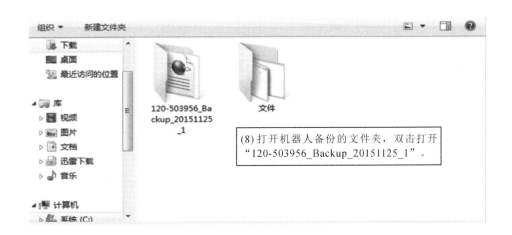

图 8-61

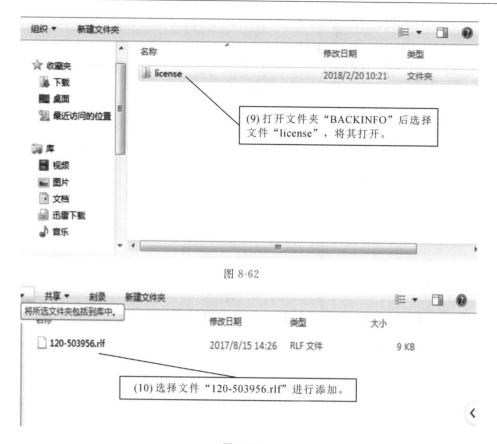

图 8-62

图 8-63

(9) 打开文件夹"BACKINFO"后选择文件"license",将其打开。

(10) 选择文件"120-503956.rlf"进行添加。

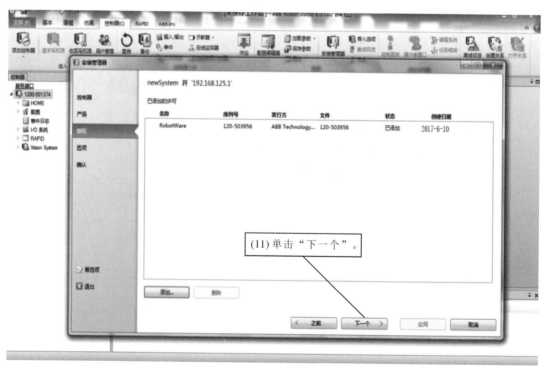

(11) 单击"下一个"。

图 8-64

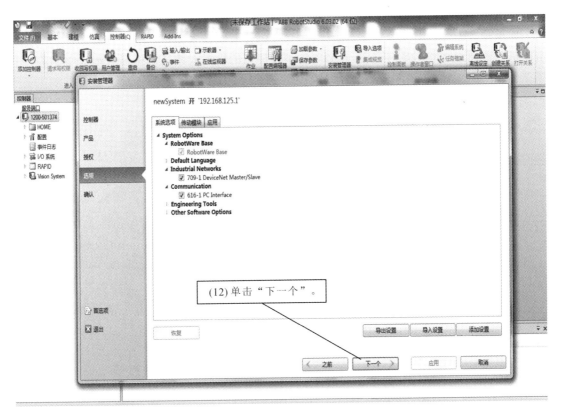

图 8-65

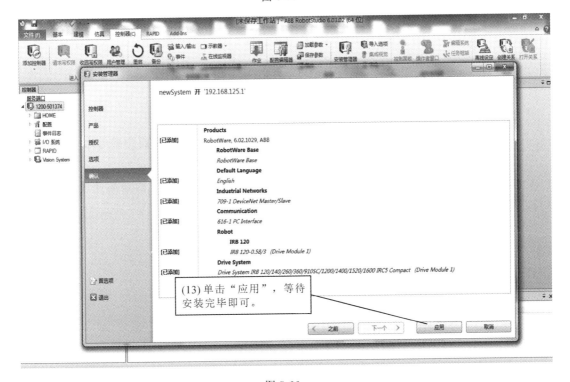

图 8-66

至此，新系统创建并安装完成。

3. 机器人系统的管理

如果多次进行机器人系统的重装操作,会在机器人硬盘里存留之前的机器人系统,从而造成机器人硬盘空间不足。这时,有必要将不再使用的机器人系统从机器人硬盘中删除,如图 8-67 所示。

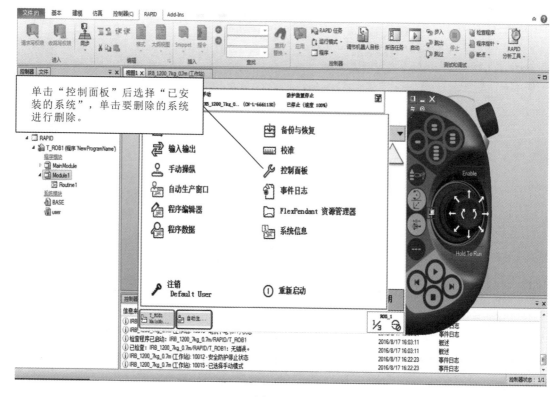

图 8-67

思考与实训

(1) 根据相关任务步骤,将 RobotStudio 与机器人连接起来,请求写权限操作。

(2) 对机器人的数据进行备份(备份名称自拟,不能出现中文)。

(3) 在"RAPID"功能选项卡中,将等待时间设置为 5 s,将机器人的最高速度限制改为 800 mm/s。

(4) 在线添加一个 I/O 信号。

(5) 将计算机资源管理器中的可用文件传送到机器人中。

(6) 在线监控机器人和示教器的状态。

(7) 为示教器添加一个管理员操作权限。

参 考 文 献

[1] 叶晖. 工业机器人工程应用虚拟仿真教程[M]. 北京:机械工业出版社,2014.